行家教你织
0~3岁韩式宝宝毛衣

张翠 主编

辽宁科学技术出版社
·沈阳·

编组人员：

刘晓瑞	田伶俐	林锦花	尼尼卡	夜猫子	猪猪妈	清雁妈	玩线线	鱼儿跃	丽海堂
水中漂	琛月儿	海豚儿	清雁妈	鱼儿飞	沈弱柳	红茶语	黄金眼	小龙女	婵之羽
淡水鱼	郎 琴	玥 玥	盼 着	晶 晶	静 静	理 想	随 心	天 涯	娴 闲
陈 春	贝 贝	毛 毛	陈 诺	陈 跃	叶 梅	叮 当	梦 琦	糖 水	舞 衫
抹 茶	空 灵	雨 滴	雪 函	飞 雪	依 梦	玫 玫	唯 一	小 草	喵 喵
小鱼儿	真善美	甜蜜蜜	无名指	阳 光	心 灵	轩 荧	明月心	淡如水	兰 欣
多多宝贝	紫色白狐	我爱手工	心灵印记	雨后百合	林海雪原	雪山飞狐	一丝温柔		
清风细细	人淡如菊	荷塘月色	黑猫不睡	时尚编织坊				

图书在版编目（CIP）数据

行家教你织0～3岁韩式宝宝毛衣 / 张翠主编.—沈阳：
辽宁科学技术出版社，2013.1
ISBN 978-7-5381-7808-1

Ⅰ.①行… Ⅱ.①张… Ⅲ.①童服 — 毛衣 — 编织 — 图
集 Ⅳ.①TS941.763.1-64

中国版本图书馆CIP数据核字（2012）第295040号

出版发行：辽宁科学技术出版社
　　　　　（地址：沈阳市和平区十一纬路29号　邮编：110003）
印 刷 者：中华商务联合印刷（广东）有限公司
经 销 者：各地新华书店
幅面尺寸：210mm×285mm
印　　张：12
字　　数：200千字
印　　数：1～11000
出版时间：2013年1月第1版
印刷时间：2013年1月第1次印刷
责任编辑：赵敏超
封面设计：张　翠
版式设计：张　翠
责任校对：李淑敏

书　　号：ISBN 978-7-5381-7808-1
定　　价：39.80元

联系电话：024-23284367
邮购热线：024-23284502
E-mail：473074036@qq.com
http://www.lnkj.com.cn
本书网址：www.lnkj.cn/uri.sh/7808

警告读者：
本书采用兆信电码电话防伪系统，书后贴有防伪标签，全国统一防伪查
询电话16840315或8008907799（辽宁省内）

Contents 目录

Part 1 毛衣外套

长颈鹿图案毛衣·················06
粉色圆领装···················07
配色大翻领开衫················08
橘色V领开衫··················09
阳光帅气开衫·················10
鲜亮小披肩···················11
粉色珍珠花外套················12

精致图案学生装················13
雅致V领开衫··················14
咖啡色韩版小外套··············15
紫色短袖装···················16
桃心领小开衫·················17
彩虹扣圆领毛衣················18
黄色长袖装···················19

米白色短袖装·················20
小熊仔图案毛衣················21
可爱韩版外套·················22
兔耳朵连帽开衫················24
粉色淑女短袖·················25
韩版双排扣毛衣················26
阳光运动休闲装················27

Part 2 毛衣上衣

橘色高领毛衣·················30
白色绣花套头装················31
英伦风V领毛衣················32
KITTY 图案毛衣···············33
灰色麻花套头装················34
卡哇伊眼睛毛衣················35
小鱼儿套头装·················36
配色图案毛衣·················37
玫红色修身长袖装··············38
几何图案毛衣·················39
经典配色毛衣·················40
菱形花样毛衣·················41

灰色高领毛衣·················42
大红色长袖装·················43
NIKE图案毛衣················44
修身打底毛衣·················45
四叶草图案毛衣················46
粉色中袖装···················47
简约韩版系带毛衣··············48
灰色圆领套头装················49
黑色高领毛衣·················50
可爱小鸟图案毛衣··············51
时尚V领毛衣··················52
小狗图案毛衣·················53

黑白条纹毛衣·················54
白色不规则短袖装··············55
QQ企鹅毛衣··················56
运动熊套头装·················57
纯白圆领装···················58
高领斜肩毛衣·················59
可爱兔毛衣···················60
红白配色毛衣·················61
问号图案毛衣·················62
配色小马甲···················63
天蓝色套头毛衣················64
鲜艳修身打底装················65

Part 3 毛衣背心·连衣裙·连身裤·睡袋

韩式俏皮背心裙················68
小清新连衣裙·················70
灰色无袖连衣裙················72
绿色V领装···················73
玫红色小背心·················74
小牛牛背心···················75

绿色树叶花背心················76
活力玫红连帽背心··············77
俏皮花朵背心裙················78
文艺范儿开衫背心··············80
喜庆熊仔背心·················81
韩版吊带娃娃装················82

宽松连帽背心·················83
扭花小背心···················84
百搭小背心···················85
绿色条纹背带裤················86
可爱背带裤···················87
实用宝宝睡袋·················88

制作图解····················89

Part 1

毛衣外套 这是妈妈给宝宝从头到脚的呵护，让他能够被幸福团团包围住。

长颈鹿图案毛衣……………………06

粉色圆领装………………………07

配色大翻领开衫…………………08

橘色V领开衫……………………09

阳光帅气开衫……………………10

鲜亮小披肩………………………11

粉色珍珠花外套…………………12

精致图案学生装…………………13

雅致V领开衫……………………14

咖啡色韩版小外套………………15

紫色短袖装………………………16

桃心领小开衫……………………17

彩虹扣圆领毛衣…………………18

黄色长袖装………………………19

米白色短袖装……………………20

小熊仔图案毛衣…………………21

可爱韩版外套……………………22

兔耳朵连帽开衫…………………24

粉色淑女短袖……………………25

韩版双排扣毛衣…………………26

阳光运动休闲装…………………27

handsome coat
for boys

HELLO kitty

长颈鹿图案毛衣

衣身可爱的长颈鹿图案，
编织给衣服增添了新的活力，
简单的开衫样式搭配一件休闲的牛仔裤也是十分不错的。

♥制作方法　P89~90

粉色圆领装

此款毛衣样式非常的独特，
不仅领口采用了横织的手法，
还搭配了三颗白色纽扣便于穿脱，
而且袖窿采用了灰色线材的搭配，别具一格。

happy to play

♥制作方法 P91

配色大翻领开衫

暖暖的宝宝绒线，毛衣也会格外的舒适，
大翻领的设计时尚风味十足。
衣襟处还编织了两个骷髅似的口袋，新颖别致。

♥ 制作方法　P92

handsome coat for boys

橘色V领开衫

橘色是时下很流行的一种元素，
橘色搭配黑色的小短裙也是很时尚的哦，
心动的妈妈们赶紧动手试试吧。

♥ 制作方法　P93

one beautiful
coat

leisure coat

阳光帅气开衫

灰色的线材选择显得十分的沉稳，
三枚纽扣的搭配更是锦上添花，
小翻领的设计别具时尚风格。

♥ 制作方法 P94

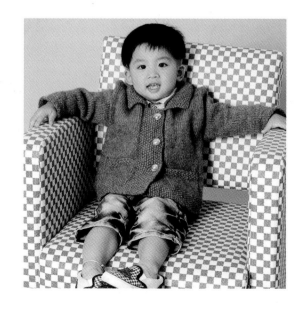

鲜亮小披肩

鲜亮的玫红色特别的引人注目，
也时刻象征着宝宝天天向上，
充满着无限的活力。

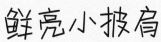 制作方法 P95

粉色珍珠花外套

粉嫩的色彩一直是每个女孩的公主梦，
这样的一件粉色毛衣相信你也想拥有一件，
搭配一件可爱的小纱裙也是不错的哦。

♥ 制作方法　P96

sweet girl

精致图案学生装

衣身编织的可爱的小黄鸡，
唯美的风景图案给整件毛衣增添不少新鲜的活力，
这样的一件开衫，很适合初上小学的小朋友穿着哦。

♥ 制作方法　P97~98

handsome
boy coat

雅致V领开衫

浅浅的黄色显得格外的舒心，
小朋友穿在身上也显得十分的别致。
黑色的衣边更是起到了完美的决定性作用。

🖤 制作方法　P99~100

smiley coat

咖啡色韩版小外套

咖啡的颜色显得十分的大气，
搭配一件白色的小纱裙，
韩式风格的装扮似乎也是时下非常流行的了。

♥ 制作方法 P101

hello kitty
coat

personality
coat

紫色短袖装

浅浅的紫色别具时尚风味，
紫色与黑色的搭配更是天衣无缝。
下面搭配牛仔裤也是很不错的。

♥ 制作方法　P102

桃心领小开衫

桃心的衣领，搭配一件帅气的格子衫，
会让你的小宝贝显得更加的帅气。
衣身流畅的图案设计更是锦上添花。

♥ 制作方法 P103

彩虹扣圆领毛衣

此款短袖装采用的是横织的衣领，
也是时下非常流行的一种织法，
敢于尝试的妈妈们都可以试试的。

♥ 制作方法 P104

cute bunny coat

黄色长袖装

鲜亮的黄色，
长袖的开衫样式，
很适合初春或者秋季的时候穿着，
搭配一件黑色的小短裙也是很不错的。

💜 制作方法　P105

pretty coat
for girl

princess
one coat

米白色短袖装

淡淡的米白色搭配时下流行的波点超短裤，
这样的搭配是不是也很拉风呢？
心动不如行动，赶紧试试吧。

🖤 制作方法　P106

小熊仔图案毛衣

简单的开衫样式适合每一个新手妈咪，
衣服上可爱的熊仔图案，
妈妈们可以根据宝宝的喜好编织成想要的图案。

personality coat

♥ 制作方法　P107~108

pretty coat
for girl

22

可爱韩版外套

圆圆的娃娃领衬托出小朋友充满稚气的笑脸，
领口处系带的设计更是妈妈们贴心的保护，
衣身片开衩的设计在时尚中透露着些许古典的气息。

💜 制作方法　P109~110

neutral coat
for girl

兔耳朵连帽开衫

很多小朋友都喜欢带有帽子的衣服，
这样似乎可以给他们带来些许的安全感，
这样的一件兔耳朵毛衣正好满足了大家的需要。

♥ 制作方法　P111~112

粉色淑女短袖

粉嫩的颜色搭配一件时尚的哈伦裤，
淑女气息中透露着些许的时尚气息，
猪猪头像似的口袋设计更是惟妙惟肖。

♥制作方法 P113

Pink
Princess coat

personality coat

♥ 制作方法　P114

韩版双排扣毛衣

经典的韩版样式，
在宽松的设计风格中也突显着整件毛衣的时尚元素，
双排扣的设计更是画龙点睛。

26

阳光运动休闲装

连帽的设计，
开衫的款式搭配宽松的款式，
让小朋友穿起来不会有任何的负担，
更适合户外运动时穿着。

♥ 制作方法 P115~116

pretty coat
for boy

Part 2

毛衣上衣

这是妈妈给宝宝从头到脚的呵护,让他能够被幸福团团包围住。

橘色高领毛衣…………………30

白色绣花套头装…………………31

英伦风V领毛衣…………………32

KITTY 图案毛衣…………………33

灰色麻花套头装…………………34

卡哇伊眼睛毛衣…………………35

小鱼儿套头装…………………36

配色图案毛衣…………………37

玫红色修身长袖装…………………38

几何图案毛衣…………………39

经典配色毛衣…………………40

菱形花样毛衣…………………41

灰色高领毛衣…………………42

大红色长袖装…………………43

NIKE图案毛衣…………………44

修身打底毛衣…………………45

四叶草图案毛衣…………………46

粉色中袖装…………………47

简约韩版系带毛衣…………………48

灰色圆领套头装…………………49

黑色高领毛衣…………………50

可爱小鸟图案毛衣…………………51

时尚V领毛衣…………………52

小狗图案毛衣…………………53

黑白条纹毛衣…………………54

白色不规则短袖装…………………55

QQ企鹅毛衣…………………56

运动熊套头装…………………57

纯白圆领装…………………58

高领斜肩毛衣…………………59

可爱兔毛衣…………………60

红白配色毛衣…………………61

问号图案毛衣…………………62

配色小马甲…………………63

天蓝色套头毛衣…………………64

鲜艳修身打底装…………………65

handsome coat
for boys

红色高领毛衣

高领的款式设计，
能很好的帮助妈妈来保护小朋友的脖子不受寒风的侵袭。
简单的上下针编织形成了中规中矩的正方形，
作为打底毛衣再合适不过了。

制作方法 P117

♥ 制作方法 P118

cute flower
        coat

白色绣花套头装

此款毛衣的样式非常的简单，
但是领口采用了机器领的织法，
衣身还绣上漂亮的花瓣，
可谓是匠心独运。

character
sweater

英伦风V领毛衣

每当看到这三种颜色搭配在一起的时候，
就不禁地想起时尚的英伦风格。
像这样搭配一件时尚小短裤或者牛仔裤都是不错的选择。

♥ 制作方法 P119

hello kitty sweater

KITTY 图案毛衣

不管是天真无邪的小女孩还是花季的少女，
相信有很多女孩都是KITTY控。
金黄的颜色上织上一只漂亮的KITTY猫是不是很羡慕呢？

🖤 制作方法　P120~121

simplicity
sweater

灰色麻花套头装

经典的麻花花样织成这样的一件厚实打底毛衣再合适不过了，
寒冷的冬天在外面加上一件羽绒服，
妈妈们就可以放心了。

♥ 制作方法　P122

卡哇伊眼睛毛衣

整件毛衣最惹人注目的地方要数衣身编织的两只大大的眼睛了，
带着一股浓浓的非主流色彩。

♥ 制作方法　P123~124

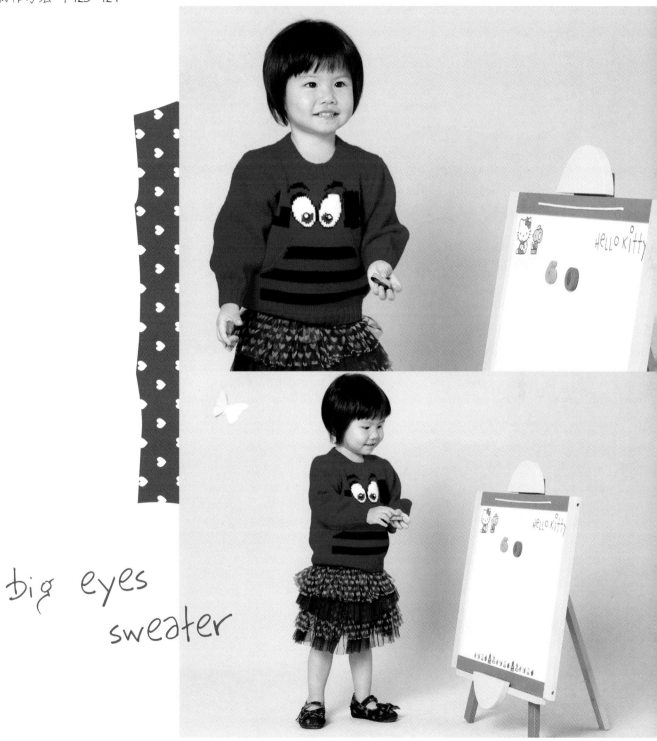

big eyes
   sweater

cuti fish
sweater

小鱼儿套头装

简单的上下针编织，
搭配时尚流行的直肩袖样式，
再加上衣身栩栩如生的小鱼儿的编织，
这样的一款毛衣你也可以动手试试哦。

💜 制作方法 P125

配色图案毛衣

此款毛衣图案编织的意境创意十足。
在一片黑黑的夜幕下，
村子一切都静下来了，
偶尔还能听到一两声的狗叫声。
你们也想到这里的意境了吗？

🤍 制作方法　P126

cute dog
sweater

玫红色修身长袖装

修身的款式，
似乎很适合小朋友胖嘟嘟的脸蛋，
这样看起来格外的讨人喜欢，
搭配一件时尚的哈伦裤也是不错的。

♥ 制作方法 P127

simple
pattern sweater

几何图案毛衣

此款毛衣的款式非常的简单，
特色之处就在于衣身各种各样的几何图案的编织，
有了它，妈妈就可以直接指着它教会宝宝认识了。

💜 制作方法　P128

pattern
sweater

gentleman
frog sweater

经典配色毛衣

此款毛衣最引人注目的要数衣身编织的小熊图案了，
大大的绿色脑袋，
红色领结，
再搭配一件古典的背带裤，
十分可爱。

♥制作方法 P129~130

菱形花样毛衣

简单的上下针搭配毛绒绒的线材选择，
作为打底毛衣是再合适不过了。
衣身的特色之处在于首尾相连的菱形花样的编织，
与衣边的配色编织相呼应。

♥ 制作方法　P131

color diamond
sweater

simplicity
sweater.

灰色高领毛衣

深深的灰色，搭配高领的编织，
光从颜色上来看，就会显得很温暖。
冬天搭配一件厚外套相信妈妈们就可以放心了。

🖤制作方法　P132

handsome sweater
for boys

大红色长袖装

鲜艳的大红色洋溢着一种无限的喜悦之情，
也象征着宝宝健康向上、茁壮成长。
这样的一件毛衣是春秋时节的必备单品。

💜 制作方法 P133

NIKE图案毛衣

如果在专卖店你看到了一件类似的品牌毛衣，
其实你完全可以回家自己动手织出来，
一样的款式，一样的帅气，
还加上了你"针心针意"的心思，一定倍加温暖。

♥ 制作方法　P134~135

nike sweater
for boys

character
     sweater

修身打底毛衣

简单的修身款式，搭配时尚的小短裤，
作为春秋时节的必备品，
这样的一件打底毛衣你为你家小朋友也准备了吗？

💜 制作方法　P136

clover
sweater

四叶草图案毛衣

整件毛衣都是由一片一片的四叶草图案组合而成的，
看起来似乎很花俏，
小朋友穿起来十分的洋气哦。

♥ 制作方法　P137

pink princess
sweater

粉色中袖装

桃粉色的颜色搭配小小的娃娃领，
显得有点大女孩的气质了。
这样的一件中袖装搭配一件长袖的T恤或者衬衣也挺不错的。

♥ 制作方法　P138

snowflake
sweater

简约韩版系带毛衣

简约的韩版样式，
唯一不同的地方要数衣身处搭配一条简单的系带，
起到了很好的收腰效果。

♥制作方法　P139~140

灰色圆领套头装

此款毛衣作为打底毛衣或者外穿都是很不错的选择。
可以在里面像小模特这样搭配一件格子衬衣，
这样也十分的新潮。

♥ 制作方法　P141

simple style
sweater

handsome
sweater

黑色高领毛衣

看到黑色毛衣，
似乎就想起了那首"听妈妈的话……"
此款毛衣上半部分采用了白色与黑色的配色编织，
在视觉上给人一种喘息的空间。

💗制作方法　P142~143

可爱小鸟图案毛衣

黑色短袖毛衣上编织了两只可爱的小鸟，
给整件毛衣增加了一股生命的气息。

♥ 制作方法　P144~145

cute birds
sweater

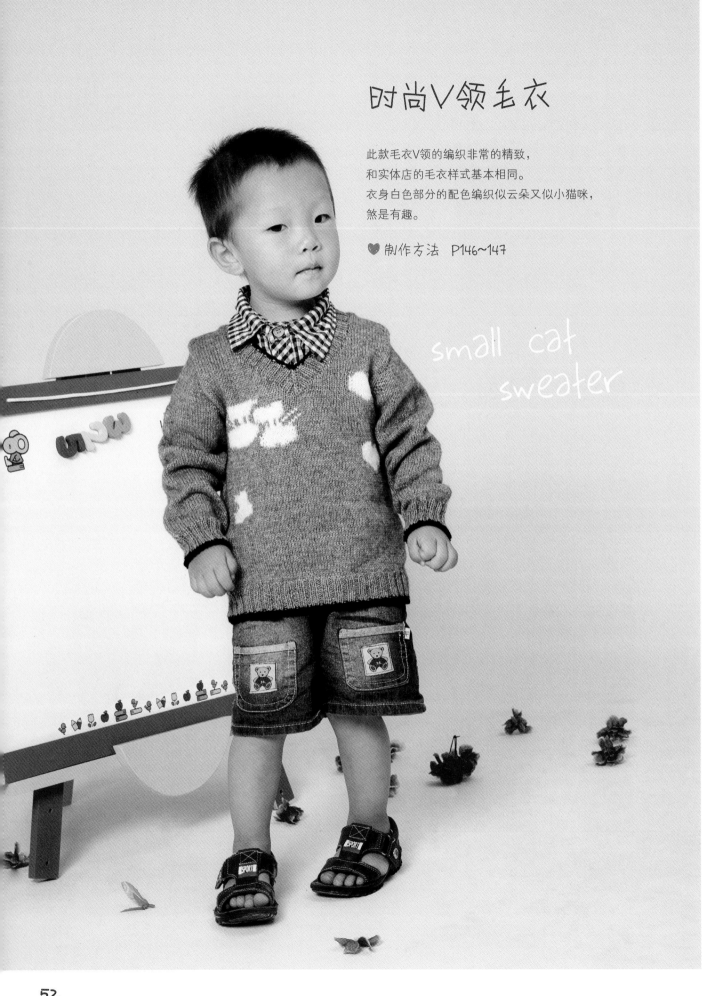

时尚V领毛衣

此款毛衣V领的编织非常的精致，
和实体店的毛衣样式基本相同。
衣身白色部分的配色编织似云朵又似小猫咪，
煞是有趣。

💜 制作方法 P146~147

small cat
sweater

小狗图案毛衣

此款毛衣款式很简单，精致的地方在于衣身图案的编织，
看上去很复杂，如果你能静下心来，参照详细的图解，
相信你一定可以的。

❤制作方法 P148~149

little dog
sweater

stripes sweater
for boys

黑白条纹毛衣

此款毛衣采用的是黑白条纹的配色编织，
这样的搭配不仅符合了时尚的潮流气息，
也把黑白配使用到了极致。

♥ 制作方法　P150~151

白色不规则短袖装

此款不规则毛衣是淘宝上热卖的一款，
如果你也想拥有这样的一件流行服饰，
那你就赶快动手试试吧。

special sweater

♥ 制作方法 P152

QQ miss sweater

QQ企鹅毛衣

看到胖嘟嘟的QQ企鹅，
有没有一种想捏一把的冲动呢？
这可是一只美女企鹅哦，
妈妈们也可以编织一只帅哥企鹅的。

♥ 制作方法　P153~154

运动熊套头装

看到这只可爱的小熊在运动，
是否也激起了小朋友的运动细胞呢？
那就让我们一起运动起来吧。

💜 制作方法　P155~156

panda
sweater

♥ 制作方法　P157~158

纯白圆领装

雪白的颜色小男孩穿起来显得格外的秀气，
小女孩穿着也会格外的白净。
干干净净的白色象征着小朋友纯真的童年时代。

高领斜肩毛衣

此款毛衣款式很简单，
不同之处在于采用了斜肩的编织，
衣身更是编织了两种不同的花样，
显得十分的精致。

💙 制作方法　P159~160

minimalist
design sweater

Mr bunny
sweater

可爱兔毛衣

深深的蓝色让衣身白色的兔子显得格外的醒目。
衣身的肩部采用了纽扣的设计巧妙新颖。

♥ 制作方法　P161~162

红白配色毛衣

红色和白色的撞色编织格外的醒目耀眼。
搭配一件时尚的豹纹小纱裙，
一副白色眼镜框，
这样是不是也很潮呢？

♥ 制作方法　P163~164

bunny sweater
for girls

问号图案毛衣

衣身编织的问号图案，
恰恰代表着小朋友天真无邪的年代凡事问个究竟的心理特征，
所以才有了那十万个为什么。

💜 制作方法　P165～166

alphabet weater
for boys

配色小马甲

白色和天蓝色搭配可谓是绝配，
显得十分的清新。
这样的一件小马甲搭配一件帅气的格子衬衣，
微微露出一点领子，
也是潮味十足哦。

♥制作方法 P167

particular style
weater

minimalist design sweater

天蓝色套头毛衣

此款毛衣都是由横竖编织的针法编织而成，
针法十分的简单，
套头衫的款式也很普遍，
很适合新手妈咪们尝试。

🖤 制作方法　P168

orange sweater

鲜艳修身打底装

此款毛衣由于设计的非常修身，
非常适合作为冬季的打底衫，
在外面搭配一件羽绒衣，
这样妈妈们就不会担心宝宝受冻了。

♥ 制作方法　P169

Part 3

毛衣背心·连衣裙·连身裤·睡袋

这是妈妈给宝宝从头到脚的呵护,让他能够被幸福团团包围住。

韩式俏皮背心裙……………68

小清新连衣裙……………70

灰色无袖连衣裙……………72

绿色V领装……………73

玫红色小背心……………74

小牛牛背心……………75

绿色树叶花背心……………76

活力玫红连帽背心……………77

俏皮花朵背心裙……………78

文艺范儿开衫背心……………80

喜庆熊仔背心……………81

韩版吊带娃娃装……………82

宽松连帽背心……………83

扭花小背心……………84

百搭小背心……………85

绿色条纹背带裤……………86

可爱背带裤……………87

实用宝宝睡袋……………88

韩式俏皮背心裙

此款韩式背心裙款式设计得非常独特,
衣身更是设计出了时尚卫衣的口袋样式,
搭配一个可爱的蝴蝶结,
堪称完美之作。

🖤 制作方法　P170~171

cute dress
for girl

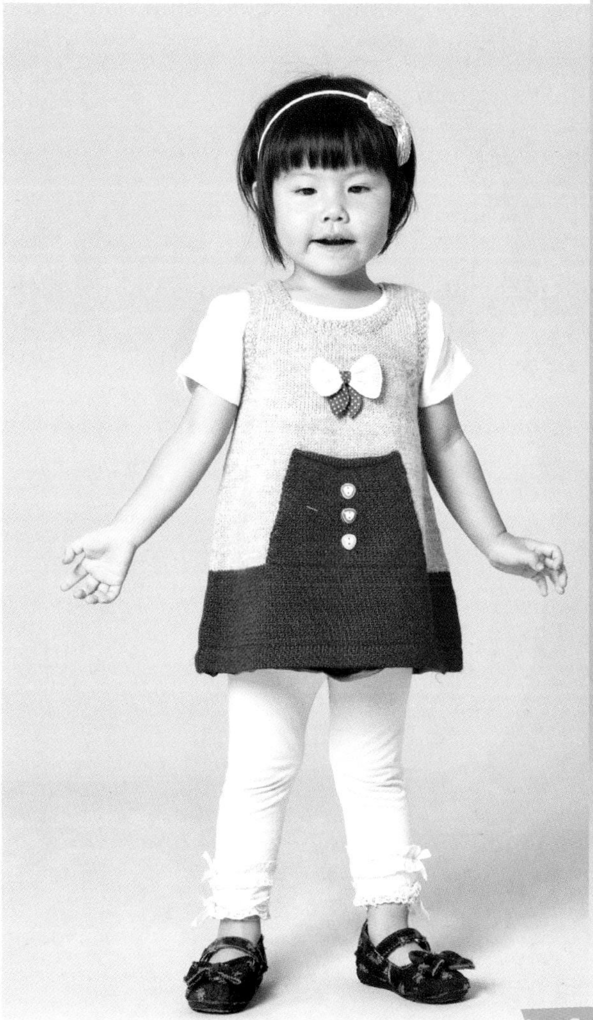

beautiful
princess dress

小清新连衣裙

浅浅的玫红色搭配白色的钩花设计，
再搭配上三朵白色的小花朵，
小清新范十足。
荷叶裙摆的设计更是满足了小公主的需求。

🖤 制作方法　P172

one flowers
dress

灰色无袖连衣裙

简单的韩版样式，裙身褶皱的设计，
让整件连衣裙层次感十足。
再加上裙身编织的各色花朵，
让"锦上添花"得到了完美的诠释。

♥制作方法 P173

绿色V领装

深深的绿色似乎让我们看到了生命的气息。
V领处的设计加上了波浪式的钩边，
让整件衣服亮点十足。

💜 制作方法　P174

charming green dress

玫红色小背心

这是一款非常简单的背心，
也是春秋时节小朋友的时装必需品。
在里面搭配一件简单的T恤也是很不错的。

♥制作方法 P175

simple vest for girl

cute sheep vest

小牛牛背心

宽松的背心款式,
相信小朋友穿起来也不会有任何的负担,
搭配一件休闲的牛仔裤也是很不错的。

🩶制作方法 P176

large flowers
vest

绿色树叶花背心

简单的背心款式，
衣身各色花样的编织和钩针花朵的搭配，
给整件衣服增色不少。
搭配这样一条黑色的休闲裤也是很不错的选择。

♥ 制作方法　P177

活力玫红连帽背心

玫红色的拉链连帽衫，运动感十足，
活泼好动的宝宝最适合这样的衣服了，
带着宝宝亲近大自然，
看着他们在你身边跑来跑去，
最幸福不过如此。

🖤 制作方法 P178

pink
zipper vest

Princess vest

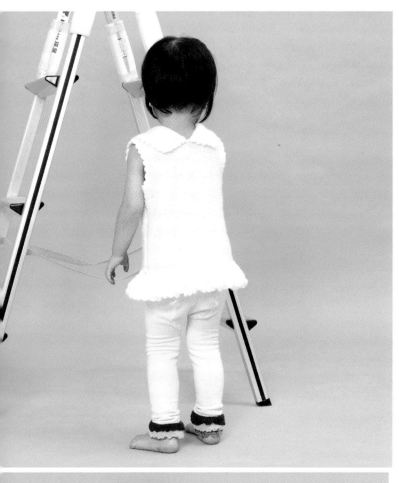

俏皮花朵背心裙

粉色是宝宝最喜欢的颜色了，
似乎每个宝宝都有一个粉色的公主梦，
这件粉色的小裙子很漂亮，
搭配紧身花边打底裤就很好看。

💜 制作方法　P179

文艺范儿开衫背心

白底黑边的开衫背心，搭配亮色的格子衬衣，
带上可爱的圆框眼镜，文艺范儿十足的装扮哦，
带着宝宝出街一定是百分百的回头率。

♥ 制作方法　P180~181

handsome vest

bear vest
for girl

喜庆熊仔背心

大红色喜庆亮丽，最适合小宝宝，
基础的款式很百搭，穿一件白色短袖衫，
再搭配一条黑色的波点泡泡裤，好可爱的宝贝。

♥ 制作方法　P182

韩版吊带娃娃装

吊带的韩版娃娃装，
西瓜红的色彩很鲜艳，
衬得宝宝白皙的脸庞红润动人，
让人忍不住想去亲一口。

♥制作方法　P183

simple vest
for girl

small dog vest

宽松连帽背心

连帽的背心，给人活泼可爱的感觉，
非常适合宝宝活泼好动的性格，
这个款式大人穿也会很年轻很好看哦，
妈妈们可以考虑织亲子装。

♥ 制作方法　P184~185

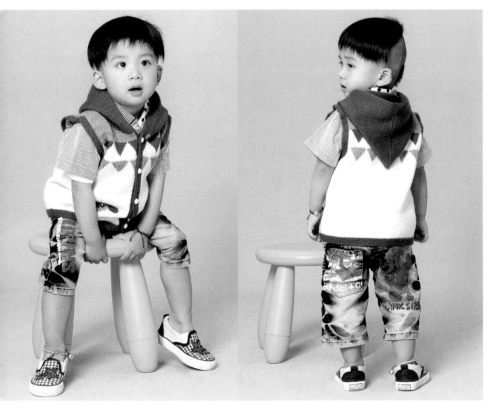

simple vest
for boy

扭花小背心

砖红色的扭花小背心，宽松舒适，
花样简单，线材柔软，适合宝宝穿着，
再配上一件格子衬衣瞬间化身时尚潮宝宝哦。

♥ 制作方法　P186~187

goofy vest

百搭小背心

基础款的小背心，款式简单舒适，
即使是新手妈妈也可以简单织出来哦，
粉蓝色的狗狗很是抢眼，是这件衣服的一大亮点，
相信可爱的狗狗，宝宝一定喜欢。

💜 制作方法　P188

♥制作方法 P189

绿色条纹背带裤

作为时尚辣妈的你一定会喜欢这款条纹背带裤，

绿色和白色间隔的条纹，很清新很纯真，

非常适合宝宝天真的气质，

换成深蓝和白色的经典搭配也不错哦。

可爱背带裤

又是一款背带裤，
背带裤的好处就是可以保护宝宝的肚子不着凉，
开裆的裤子也很方便，
黄色与咖啡色的完美搭配，
十分抢眼。

💜制作方法　P190~191

neutral
piece pants

实用宝宝睡袋

很简单的一款睡袋，新手妈妈可以尝试一下，
也很实用，晚上睡觉担心宝宝踢被子，
可以给宝宝准备这样一款睡袋，
一觉睡到天亮哦。

♥ 制作方法　P192

creative
sleeping bag

长颈鹿图案毛衣

【成品规格】衣长34cm，胸宽30cm，肩宽25cm

【工　具】12号棒针

【编织密度】花样C：27.5针×47.7行=10cm²
　　　　　　花样B：27.5针×40行=10cm²

【材　料】灰色、棕色、红色等丝光棉线共400g，纽扣5枚

编织要点：

1．棒针编织法，由前片2片、后片1片、袖片2片组成。从下往上织起。

2．前片的编织。由右前片和左前片组成，以右前片为例。
（1）起针，单罗纹起针法，起42针，用红色线编织花样A，编织2行，换成灰色线，编织14行后，编织下针，不加减针，换成棕色线编织2行，再换成白色线编织2行，之后编织花样C，编织62行至袖隆。袖隆左侧起减针，先平收2针，2-2-4，编织4行后，编织花样D，换成棕色线编织下针，编织4行，此时织成袖隆算起有30行的高度，右侧进行衣领减针，平收3针，2-2-6，12行平坦，织成24行，至肩部，余下17针，收针断线。
（2）相同的方法，相反的方向去编织左前片。不同之处就是将花样C换成花样B。

3．后片的编织。起针，单罗纹起针法，起90针，用红色线编织花样A，编织2行，换成灰色线，编织14行后，编织下针，不加减针，换成棕色线编织2行，再换成白色线编织2行，之后一直用灰色线编织下针，编织62行至袖隆。袖隆左侧起减针，先平收2针，2-2-4，当织成袖隆算起50行时，下一行中间收针32针，两边相反方向减针，各减2针，2-1-2，两肩部各余下17针，收针断线。

4．袖片的编织。袖片从袖口起织，单罗纹起针法，起60针，用红色线编织花样A，编织2行，换成灰色线，编织14行后，换成红色线编织下针，编织4行，换成棕色线编织16行，再编织花样E，编织22行，之后一直用灰色线编织下针，同时两边侧缝加针，8-1-8，共编织64行至袖隆，并进行袖山减针，两边各平收2针，2-2-12，织成24行，余下24针，收针断线。相同的方法去编织另一袖片。

5．拼接，将前片的侧缝与后片的侧缝和肩部对应缝合。袖山和袖隆处对应缝合。

6．领片的编织。用灰色线沿着左前片和右前片的衣领边各挑出40针，后片衣领处挑出36针，共116针，编织花样A，不加减针织8行。换成红色线，编织2行，收针断线。

7．门襟的编织。用灰色线沿着右前片和左前片侧边各挑出112针，编织花样A，编织8行，换成红色线编织2行，收针断线。同时在左前片门襟每隔27行留一个扣眼，共留5个扣眼。右前片门襟相应位置钉上纽扣。衣服完成。

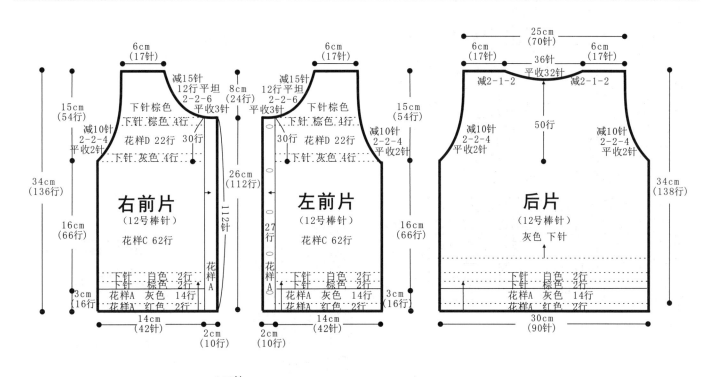

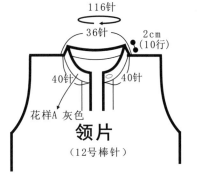

符号说明：

⊟　上针

□＝⊡　下针

2-1-3　行-针-次

↑　编织方向

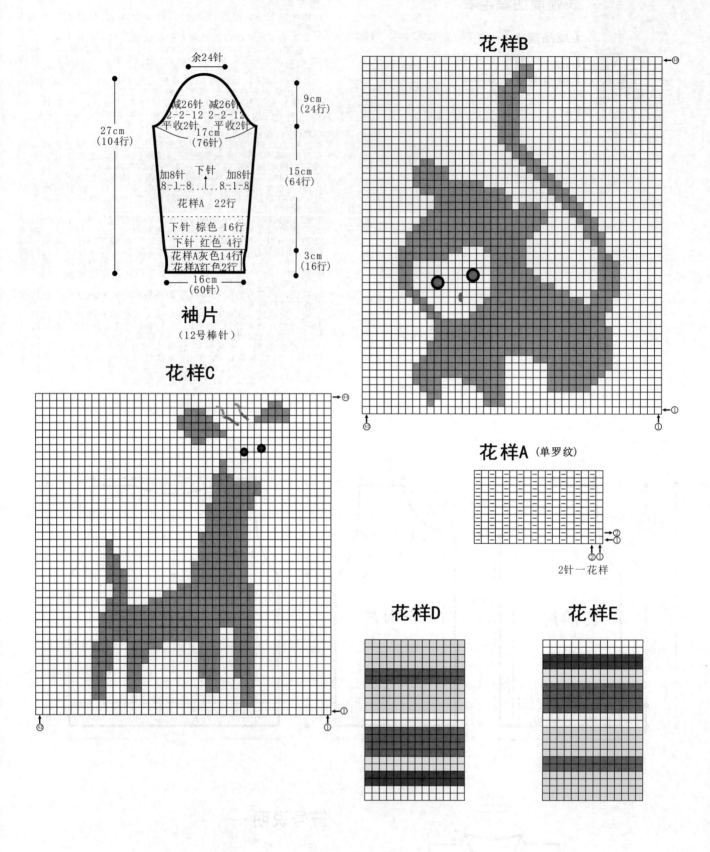

花样B

余24针

减26针　减26针
2-2-12　2-2-12
平收2针　17针　平收2针
　　　（76针）

9cm
（24行）

27cm
（104行）

加8针　下针　加8针
8-1-8　　　8-1-8

花样A　22行

下针　棕色　16行
下针　红色　4行
花样A灰色14行
花样A红色2行

15cm
（64行）

3cm
（16行）

16cm
（60针）

袖片

（12号棒针）

花样C

花样A　（单罗纹）

2针一花样

花样D

花样E

90

粉色圆领装

【成品规格】 衣长37cm，胸宽31cm，袖长27cm

【工　　具】 9号棒针

【编织密度】 24针×36行=10cm²

【材　　料】 粉色腈纶毛线400g，灰色腈纶线150g

编织要点：
1. 棒针编织法：由圆肩、前片、后片、袖片和领边组成。
2. 圆肩的织法：平针起针法起40针，按花样A编织（分三部分）。
3. 前后片的编织：沿圆肩的边沿挑82针，按2-1-6，平加4针的编织方法织花样B，共织82行，后再编织花样C10行，最后再织8行花样E。
4. 袖片编织法：按图示挑70针，按8-1-10的减针方法织80行后织12行花样D，最后再织8行花样A锁边。
5. 用钩针按图示沿领边钩4行短针。

符号说明：

□　上针

□ =□　下针

2-1-3　行-针-次

↑　编织方向

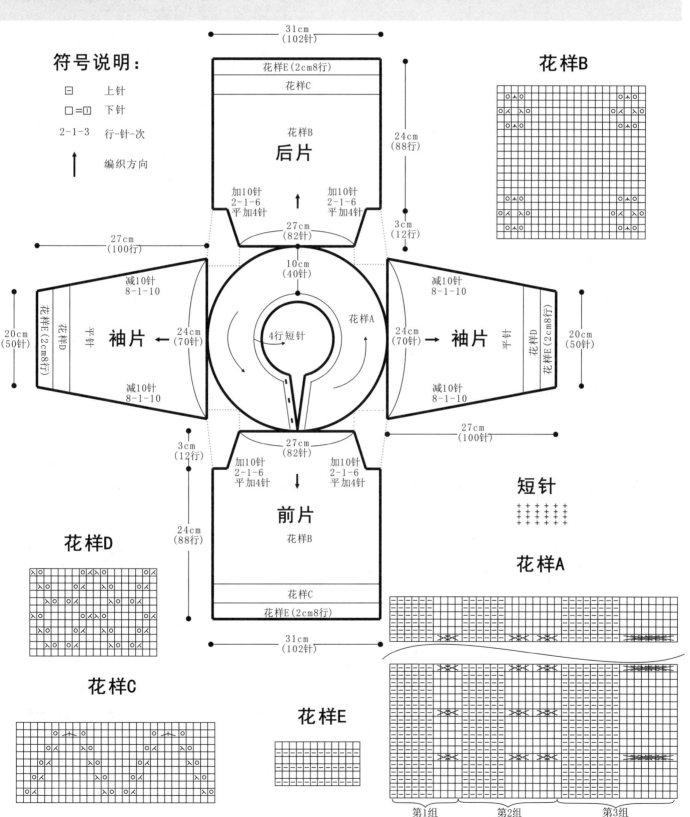

花样B

后片
花样E（2cm8行）
花样C
花样B

31cm（102针）

24cm（88行）

3cm（12行）

加10针 2-1-6 平加4针
加10针 2-1-6 平加4针

27cm（82针）

10cm（40针）

27cm（100行）

减10针 8-1-10

花样E（2cm8行）
花样D
平针
袖片 ←
24cm（70针）

20cm（50针）

4行短针

花样A

花样A

24cm（70针） → 袖片
平针
花样D
花样E（2cm8行）

减10针 8-1-10

减10针 8-1-10

减10针 8-1-10

20cm（50针）

27cm（100针）

短针

花样D

3cm（12行）

加10针 2-1-6 平加4针
加10针 2-1-6 平加4针

27cm（82针）

前片
花样B

24cm（88行）

花样C
花样E（2cm8行）

31cm（102针）

花样C

花样E

花样A

第1组　　第2组　　第3组

91

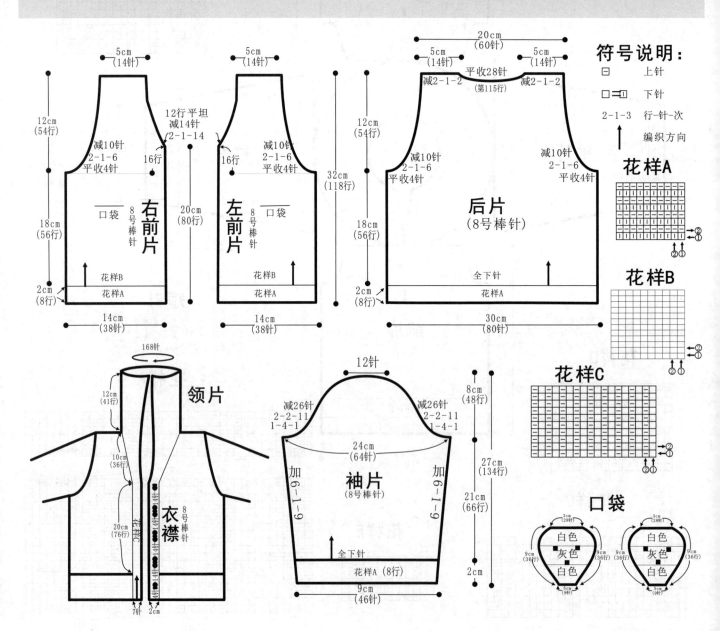

配色大翻领开衫

【成品规格】 衣长32cm，胸宽30cm
　　　　　　 袖长27cm

【工　　具】 8号棒针，缝衣针

【编织密度】 20针×30行=10cm²

【材　　料】 灰色线700g，白色线
　　　　　　 300g，纽扣5枚

编织要点：

1.棒针编织法，分成左前片、右前片、后片和两个袖片，再编织衣襟和领片，最后是口袋缝合。

2.前片的编织。由右前片和左前片组成，以右前片为例。
(1)起针，单罗纹起针法，用灰色线起38针，编织花样A，不加减针，织8行的高度。
(2)花样以上的编织。第9行起，全织下针，用白色线与灰色线交替配色编织，每个颜色编织12行的高度，重复织至肩部，不再重复说明。不加减针织成60行的高度，至袖窿。此时衣身织成64行的高度。
(3)袖窿以上的编织。第65行起，右侧不加减针，左侧往上编织，每织2行减1针，共减6次，然后不加减针往上织，袖窿以上织成16行，右侧进行领边减针，左侧无变化，右侧收针，方法为2-1-14，再织38行后，至肩部，余下14针，收针断线。
(4)相同的方法，相反的方向去编织左前片。

3.后片的编织。单罗纹起针法，用灰色线起38针，编织花样A，不加减针，织8行的高度。然后第9行起，用灰色线织下针，织成60行至袖窿，然后袖窿起减针，方法与前片相同。当衣服织至第115行时，中间将19针收针收掉，两边相反方向减针，每织2行减1针，减2次，织成后领边，两肩部各下14针，收针断线。

4.袖片的编织。
(1)棒针编织法。编织两片袖片。袖口起织。用灰色线起46针单罗纹针法，织花样A，织8行，织9行时，一边织一边两侧加针，方法为6-1-9，织至66行时编织袖山，两侧同时减针，方法为1-4-1、2-2-11，两侧各减26针，织至134行，最后织片余下12针，收针断线。
(2)同样的方法再编织另一袖片。
(3)缝合方法：将袖山对应前片与后片的袖窿线，用线缝合，再将两袖侧缝对应缝合。

5.缝合，把两个口袋缝合在指定的位置。钉纽扣。衣服完成。

符号说明：

□　　上针

□·□　下针

2-1-3　行-针-次

↑　　编织方向

右前片（8号棒针）

5cm（14针）
12cm（54行）
12行平坦减14针 2-1-14
16行
减10针 2-1-6 平收4针
18cm（56行）
口袋
花样B
2cm（8行）
花样A
14cm（38针）
20cm（80行）

左前片（8号棒针）

5cm（14针）
16行
减10针 2-1-6 平收4针
口袋
花样B
花样A
14cm（38针）

后片（8号棒针）

20cm（60针）
5cm（14针）　5cm（14针）
减2-1-2　平收28针（第115行）　减2-1-2
12cm（54行）
减10针 2-1-6 平收4针　减10针 2-1-6 平收4针
18cm（56行）
全下针
2cm（8行）
花样A
30cm（80针）
32cm（118行）

花样A
②①　②①

花样B
②①

花样C
②①

领片

168针
12cm（41行）

衣襟（8号棒针）

10cm（36针）
20cm（76行）
衣襟C
7针　2cm

袖片（8号棒针）

12针
减26针 2-2-11 1-4-1
24cm（64针）
加6-1-9　加6-1-9
8cm（48行）
27cm（134行）
21cm（66行）
2cm
全下针
花样A（8行）
9cm（46针）

口袋

3cm（28针）
白色
灰色
白色
9cm（36行）
5cm（9针）

橘色V领开衫

【成品规格】	衣长33cm，胸宽20cm，肩宽18cm，袖长30cm
【工　具】	10号棒针
【编织密度】	26.7针×33.3行=10cm²
【材　料】	橘红丝光棉线300g，蓝色线若干，纽扣3枚

编织要点：

1.棒针编织法，由前片2片、后片1片、袖片2片组成。从下往上织起。

2.前片的编织。由右前片和左前片组成，以右前片为例。

(1)起针，单罗纹起针法，起30针，编织花样A，编织18行，下一行起，右侧6针继续编织花样A作为门襟，左侧余24针编织花样B，不加减针编织48行至袖窿。袖窿左侧起减针，先平收2针，2-1-4，当织成8行的高度时，右侧进行衣领减针，2-1-10，4-1-3，12行平坦，织成44行，刚好至肩部，余下11针，收针断线。

(2)相同的方法，相反的方向去编织左前片。不同的地方就是门襟注意每隔16行留出一个扣眼，共留出3个扣眼。

3.后片的编织。单罗纹起针法，起54针，编织花样A，不加减针，织18行的高度。下一行起编织花样B，不加减针织48行至袖窿，袖窿两侧起减针，先平收2针，2-1-4，当织成袖窿算到40行时，下一行中间收针16针，两侧相反方向减针，减4针，2-1-2，两肩部各余下11针，收针断线。

4.袖片的编织。袖片从袖口起织，单罗纹起针法，起34针，编织花样A，不加减针，往上织15行的高度，下一行编织下针，两边侧缝加针，6-1-9，6行平坦，织60行至袖窿。并进行袖山减针，两边各平收2针，然后2-1-10，织成20行，余下28针，收针断线。相同的方法去编织另一袖片。

5.拼接，将前片的侧缝与后片的侧缝对应缝合，将前后片的肩部对应缝合；再将两袖的袖山边线与衣身的袖窿边对应缝合。右前片相应钉上纽扣，衣服完成。

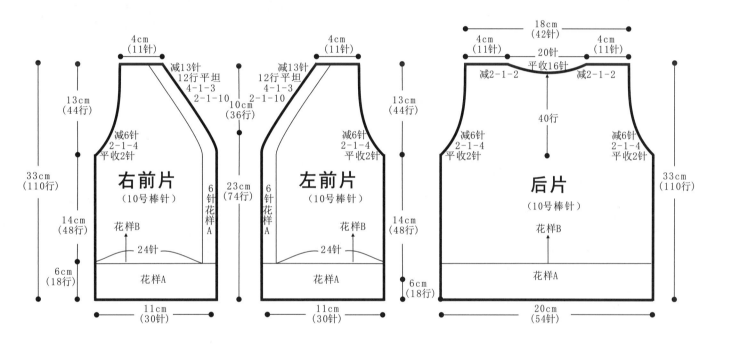

右前片（10号棒针）
4cm（11针） 减13针 12行平坦 4-1-3 2-1-10 10cm（36行） 13cm（44行） 减6针 2-1-4 平收2针 33cm（110行） 23cm（74行） 14cm（48行） 6针花样A 花样B 24针 6cm（18行） 花样A 11cm（30针）

左前片（10号棒针）
减13针 12行平坦 4-1-3 2-1-10 4cm（11针） 13cm（44行） 减6针 2-1-4 平收2针 6针花样A 花样B 24针 14cm（48行） 花样A 11cm（30针） 6cm（18行）

后片（10号棒针）
18cm（42针） 4cm（11针） 4cm（11针） 20针 平收16针 减2-1-2 减2-1-2 40行 减6针 2-1-4 平收2针 减6针 2-1-4 平收2针 33cm（110行） 花样B 花样A 20cm（54针） 6cm（18行）

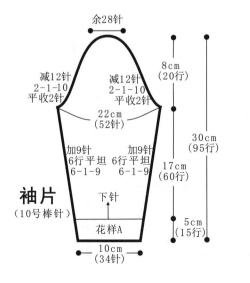

袖片（10号棒针）
余28针 减12针 2-1-10 平收2针 减12针 2-1-10 平收2针 8cm（20行） 22cm（52针） 30cm（95行） 加9针 6行平坦 6-1-9 加9针 6行平坦 6-1-9 17cm（60行） 下针 花样A 5cm（15行） 10cm（34针）

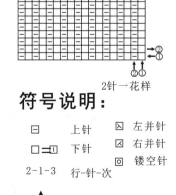

花样A（单罗纹）

2针一花样

符号说明：

□	上针	☒	左并针
□—□	下针	☒	右并针
2-1-3	行-针-次	⊡	镂空针

↑ 编织方向

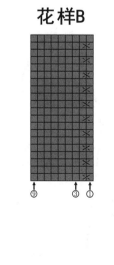

花样B

阳光帅气开衫

【成品规格】 衣长35cm, 胸宽34cm, 肩宽30cm, 袖长26cm

【工　　具】 10号棒针

【编织密度】 26.7针×33.3行=10cm²

【材　　料】 深灰色丝光棉线300g, 纽扣3枚

编织要点:

1. 棒针编织法, 由前片2片、后片1片、袖片2片组成。从下往上织起。

2. 前片的编织。由右前片和左前片组成, 以右前片为例。
(1)起针, 单罗纹起针法, 起40针, 编织花样A, 编织16行后, 右侧留11针作为门襟继续编织花样A(每隔25行留一个扣眼, 共留3个扣眼), 左侧余29针编织衣身, 编织下针, 不加减针, 编织42行至袖窿。袖窿左针起减针, 2-1-4, 从织成袖窿算起22行时右侧进行衣领减针, 平收11针, 2-1-10, 织成20行, 刚好至肩部, 余下15针, 收针断线。
(2)相同的方法, 相反的方向去编织左前片。不同之处是门襟不留扣眼。

3. 后片的编织。单罗纹起针法, 起69针, 编织花样A, 不加减针, 织16行的高度。下一行起编织下针, 不加减针织42行至袖窿, 袖窿两侧起减针, 2-1-4。当织成袖窿算起38行时, 下一行中间收针27针, 两边相反方向减针, 减4针, 2-1-2, 两肩部各余下15针, 收针断线。

4. 袖片的编织。袖片从袖口起织, 单罗纹起针法, 起32针, 编织花样A, 不加减针, 往上织12行的高度, 下一行编织下针, 两边侧缝加针, 6-1-6, 6行平坦, 织42行至袖窿, 并进行袖山减针, 2-2-7, 织成14行, 余下16针, 收针断线。相同的方法去编织另一袖片。

5. 拼接, 将前片的侧缝与后片的侧缝对应缝合, 将前后片的肩部对应缝合;再将两袖片的袖山边线与衣身的袖窿边对应缝合。

6. 领片的编织:前领圈各挑24针, 后片领圈挑26针, 共74针编织花样A。织成24行。收针断线。领片完成。

7. 口袋的编织。一片织成。单罗纹起针法, 起21针, 编织下针, 不加减针, 织成12行后, 再编织花样A, 编织4行, 收针断线。按图缝合在左右前片相应位置。衣服完成。

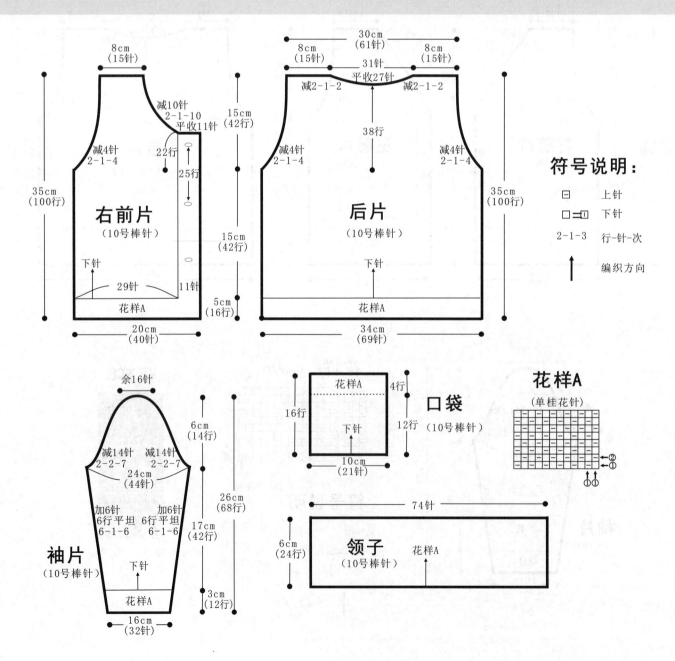

符号说明:

□ 上针

□—1 下针

2-1-3 行-针-次

↑ 编织方向

右前片
(10号棒针)

8cm(15针)
减10针 2-1-10 平收11针
减4针 2-1-4
22行
25行
15cm(42行)
35cm(100行)
15cm(42行)
下针
29针
11针
花样A
20cm(40针)
5cm(16行)

后片
(10号棒针)

30cm(61针)
8cm(15针)　8cm(15针)
31针
平收27针
减2-1-2　减2-1-2
减4针 2-1-4　减4针 2-1-4
38行
35cm(100行)
下针
花样A
34cm(69针)

袖片
(10号棒针)

余16针
6cm(14行)
减14针 2-2-7　减14针 2-2-7
24cm(44针)
加6针 6行平坦 6-1-6　加6针 6行平坦 6-1-6
26cm(68行)
17cm(42行)
下针
花样A
3cm(12行)
16cm(32针)

口袋
(10号棒针)

花样A　4行
16行
12行
下针
10cm(21针)

领子
(10号棒针)

74针
花样A
6cm(24行)

花样A
(单桂花针)
②
①
①①

鲜亮小披肩

【成品规格】 衣长24cm，胸宽24cm 袖长19cm

【工 具】 8号棒针，10号棒针 缝毛衣针，钩针

【编织密度】 17针×12行=10cm²

【材 料】 红毛线400g，黑色毛线 150g，纽扣1枚

编织要点：

1. 棒针编织法，分成左前片、右前片、后片、两个袖片和领片编织，再缝合，最后钩衣襟和领、袖边。

2. 左前片和右前片的编织方法相同，但方向相反，以右前片为例，用黑色线起25针单罗纹起针法，起织花样A，织4行，第5行时改用红色线织4行，再用黑色线织2行，再改用红色线织花样B，织12行，下一行织下针，织成28行的高度，至袖隆，左边减针，方法为4-2-7，织至60行，余下11针，收针断线。用相同方法及相反方向编织左前片。

3. 后片的编织，用黑色线起48针单罗纹起针法，花样A起织，织4行，第5行时改用红色线织4行，再用黑色线织2行，再改用红色线织花样B，织12行，下一行织下针，织成28行的高度，至袖隆，然后袖隆起减针，方法为4-2-7，织至60行，余20针，收针断线。

4. 袖片的编织，用黑色线起48针单罗纹起针法，织花样A，织4行，下一行改用红色线织花样B，织至16行，下一行起，两边同时减针织袖山，减针方法为4-2-7，最后余下20针，收针断线，相同的方法去编织另一袖片。

5. 拼接，将左前片、右前片及后片的插肩缝对应袖片的插肩缝缝合，将左前片、右前片侧缝与后片侧缝对应缝合，袖片侧缝对应缝合。

6. 领片的编织，一片编织完成，沿领口挑起120针，起织花样A单罗纹针，不加减针，织18行，收针断线。最后用钩针在领、袖边钩花样C，衣襟钩花样D，钉1枚纽扣，衣服完成。

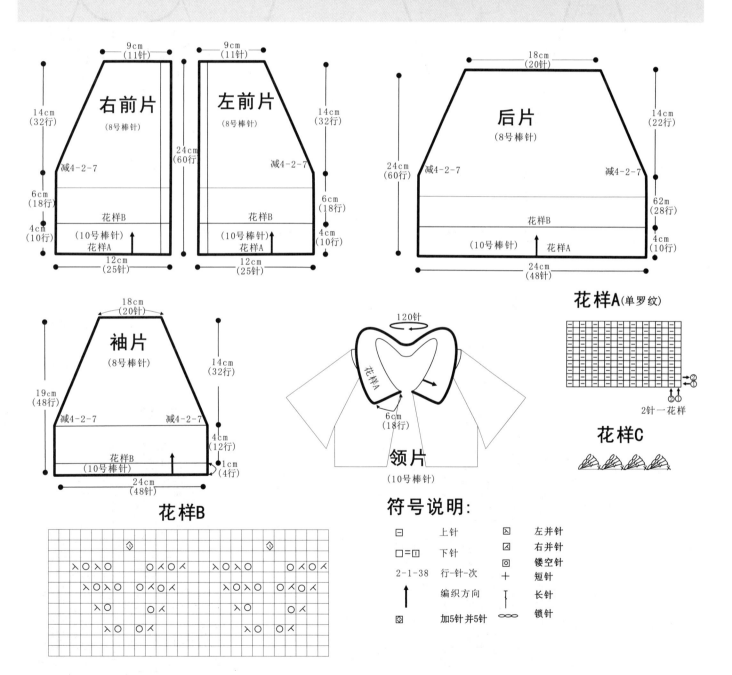

右前片（8号棒针） 9cm（11针） 14cm（32行） 减4-2-7 6cm（18行） 花样B 4cm（10行） （10号棒针）花样A 12cm（25针） 24cm（60行）

左前片（8号棒针） 9cm（11针） 14cm（32行） 减4-2-7 6cm（18行） 花样B 4cm（10行） （10号棒针）花样A 12cm（25针）

后片（8号棒针） 18cm（20针） 14cm（22行） 减4-2-7 减4-2-7 24cm（60行） 6.2m（28行） 花样B （10号棒针）花样A 4cm（10行） 24cm（48针）

袖片（8号棒针） 18cm（20针） 14cm（32行） 19cm（48行） 减4-2-7 减4-2-7 花样B 4cm（12行） （10号棒针）1cm（4行） 24cm（48针）

花样B

领片（10号棒针） 120针 花样A 6cm（18行）

花样A（单罗纹）

2针一花样

花样C

符号说明：

□	上针	⊠	左并针
□=□	下针	⊠	右并针
2-1-38	行-针-次	⊡	镂空针
↑	编织方向	+	短针
⊠	加5针并5针	‖	长针
		∞	锁针

95

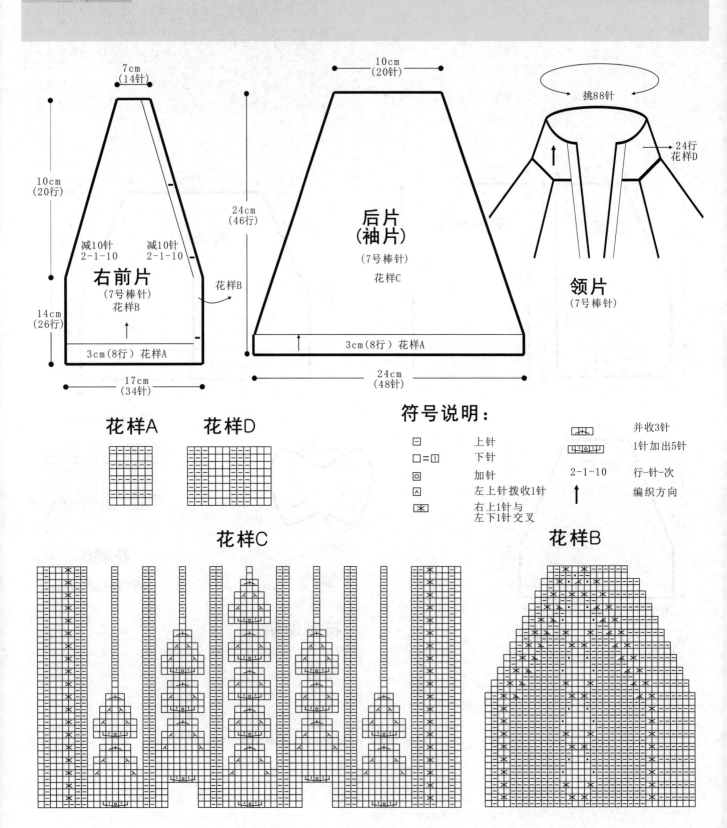

粉色珍珠花外套

【成品规格】 衣长24cm，衣宽34cm

【工　　具】 7号棒针、缝衣针

【编织密度】 12针×20行=10cm²

【材　　料】 粉色粗毛线500g

编织要点：
1. 棒针编织法：由前片、后片、袖片、领片组成。
2. 后片的编织：平针起针法起48针，织8行花样A再按图织花样C(38行)。
3. 前片的编织：先织右前片，平针起针法起34针织花样A8行后再按图示织花样B(织38行，按图示留扣眼)，然后再织左前片。
4. 袖片的编织：与后片的织法相同。
5. 用缝衣针把前片、后片袖片缝起来。
6. 领片的编织：沿领边按针数挑88针织24行花样D。

7cm
(14针)

10cm
(20行)

减10针
2-1-10　　减10针
2-1-10

右前片
(7号棒针)
花样B

花样B

14cm
(26行)

3cm(8行) 花样A

17cm
(34针)

10cm
(20针)

24cm
(46行)

后片
(袖片)
(7号棒针)
花样C

3cm(8行) 花样A

24cm
(48针)

挑88针

24行
花样D

领片
(7号棒针)

花样A　　花样D

符号说明：

□	上针		并收3针
□=回	下针		1针加出5针
回	加针	2-1-10	行-针-次
人	左上针拨收1针	↑	编织方向
区	右上1针与左下1针交叉		

花样C

花样B

精致图案学生装

【成品规格】 衣长34cm，胸宽32cm，肩宽25cm，袖长26cm

【工 具】 12号棒针

【编织密度】 花样C：27.7针×47.7行=10cm²
花样B：27.5针×40行=10cm²

【材 料】 黄色、黑色、橘色丝光棉线共400g，纽扣5枚

编织要点：

1. 棒针编织法，由前片2片、后片1片、袖片2片组成。从下往上织起。
2. 前片的编织。由右前片和左前片组成，以右前片为例。
(1)起针，单罗纹起针法，起44针，用黑色线编织花样A，不加减针，编织10行后，编织下针，不加减针，将44针分为14针黄色线，16针黑色线，14针黄色线交错编织，编织48行后全部换成黄色线编织16行至袖窿。袖窿左侧起减针，先平收4针，2-1-8，当织成袖窿算起34行的高度时，右侧进行衣领减针，平收3针，2-2-6，10行平坦，织成22行，至肩部，余下17针，收针断线。
(2)相同的方法，相反的方向去编织左前片。不同之处就是黄色线和橘色线全部对调一下即可。
3. 后片的编织。起针，单罗纹起针法，起90针，用黑色线编织花样A，不加减针，编织10行后，编织下针，不加减针编织64行至袖窿。袖窿两侧起减针，先平收4针，2-1-8，当织成袖窿算起52行时，下一行中间收针28针，两边相反方向减针，各减2针，2-1-2，两肩部各余下17针，收针断线。
4. 袖片的编织。袖片从袖口起织，单罗纹起针法，起44针，用黑色线编织花样A，编织14行后，编织下针，下一行开始编织袖身，两边侧缝加针，6-1-9，12行平坦，同时分散加12针，编织12行后，换成黄色线，编织12行后，再换成黑色线编织12行，换成黄色线，编织12行后，再换成黑色线编织12行，之后一直是用黄色线编织，编织6行至袖窿。并进行袖山减针，两边各收4针，然后2-2-12，织成24行，余下12针，收针断线。相同的方法去编织另一袖片，不同之处就是将黄色线换成橘色线即可。
5. 拼接。将前片的侧缝与后片的侧缝和肩部对应缝合。袖山和袖窿处对应缝合。
6. 领片的编织。用黑色线沿着左前片和右前片的衣领边各挑出40针，后片衣领处挑出36针，共116针，编织花样A，不加减针织8行。收针断线。
7. 门襟的编织。用黑色线沿着右前片和左前片侧边各挑出112针，编织花样A，编织8行，收针断线。同时在左前片门襟每隔27针留1个扣眼，共留5个扣眼。右前片门襟相应位置钉上纽扣。
8. 在左右前片的中间位置按图案用十字绣的方法绣上花样B，衣服完成。

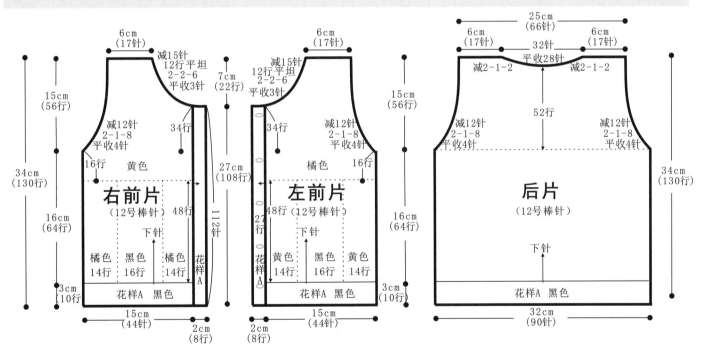

右前片（12号棒针）

6cm（17针）　减15针　12行平坦　2-2-6　平收3针　7cm（22行）

减12针　2-1-8　平收4针　34行

16行　黄色

15cm（56行）

34cm（130行）

橘色14行　黑色16行　橘色14行　花样A

16cm（64行）

下针

48行

112针

花样A　黑色

3cm（10行）

15cm（44针）　2cm（8行）

左前片（12号棒针）

6cm（17针）　减15针　12行平坦　2-2-6　平收3针

34行

减12针　2-1-8　平收4针　16行

橘色

15cm（56行）

27cm（108行）

48行　花样A　下针

花样A　黄色14行　黑色16行　黄色14行

16cm（64行）

花样A　黑色

3cm（10行）

2cm（8行）　15cm（44针）

34cm（130行）

后片（12号棒针）

25cm（66针）

6cm（17针）　6cm（17针）

32针　平收28针

减2-1-2　减2-1-2

52行

减12针　2-1-8　平收4针　减12针　2-1-8　平收4针

15cm（56行）

34cm（130行）

16cm（64行）

下针

花样A　黑色

3cm（10行）

32cm（90针）

符号说明：

- 　上针
- □=① 下针
- ⊠ 左并针
- ⊡ 右并针
- ◎ 镂空针
- 2-1-3 行-针-次
- ↑ 编织方向

花样A（单罗纹）

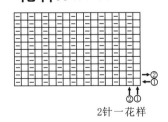

2针一花样

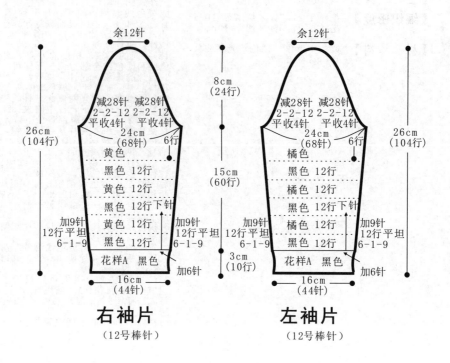

余12针

减28针　减28针
2-2-12　2-2-12
平收4针　平收4针
24cm
(68针)　　6行

黄色

黑色 12行
黄色 12行
黑色 12行下针
加9针
12行平坦
6-1-9

黄色 12行
黑色 12行

花样A　黑色　加6针

16cm
(44针)

右袖片
（12号棒针）

余12针

减28针　减28针
2-2-12　2-2-12
平收4针　平收4针
24cm
(68针)　　6行

橘色

黑色 12行
橘色 12行
黑色 12行下针
加9针
12行平坦
6-1-9

橘色 12行
黑色 12行

花样A　黑色　加6针

16cm
(44针)

左袖片
（12号棒针）

26cm
(104行)

8cm
(24行)

15cm
(60行)

3cm
(10行)

26cm
(104行)

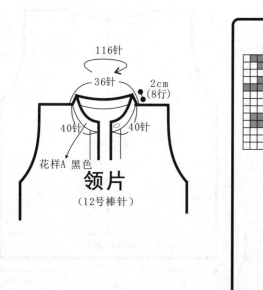

116针

36针

2cm
(8行)

40针　　40针

花样A　黑色

领片
（12号棒针）

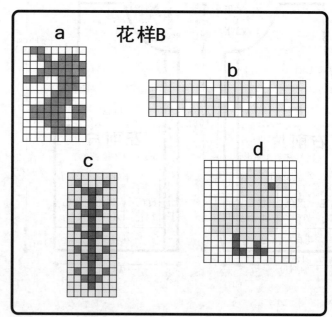

花样B

a

b

c

d

雅致V领开衫

【成品规格】衣长34cm，胸宽28cm，袖长24cm

【工　　具】8号棒针，10号棒针，缝毛衣针

【编织密度】17针×8行=10cm²

【材　　料】黄色毛线200g，黑色毛线50g，
棕色纽扣4枚

编织要点：

1. 棒针编织法，分成左前片、右前片、后片和口袋、两个袖片，最后编织衣襟，再缝合。
2. 左前片和右前片的编织方法相同，但方向相反，以右前片为例，用黑色线起37针单罗纹起针法，花样A起织，不加减针，织12行，下一行起，改黄色线织下针，不加减针，织至60行，第61行织片右侧减针织右领，减针方法为2-1-6、4-1-4、6-1-1-4，同时织片左侧减针织下针，织至60行，第61行织片左侧减针织袖窿，减针方法为平收3针，2-1-4，织至126行，余下16针为肩，收针断线。用相同方法及相反方向编织左前片。
3. 后片的编织，用黑色线起78针单罗纹起针法，花样A起织，织12行，不加减针，织至60行，第61行两侧同时减针织袖窿，减针方法为平收3针，2-1-4，织至126行，余64针，收针断线。
4. 前片口袋的编织，用黑色线起10针织单罗纹起针法，织花样A，织30行，收针断线，用相同方法编织另一口袋。
5. 袖片的编织，用黑色线起48针单罗纹起针法，织花样A，织12行，最后一行均匀加10针，针数加成58针，下一行起，改用黄色线织下针，两边同时加针，加针方法为8-1-7，织至62行，下一行起，两边同时减针织袖山，减针方法为平收3针，2-1-4、2-6-3，最后余下18针，收针断线，相同的方法去编织另一袖片。
6. 衣襟编织，用黑色线起10针单罗纹起针法，织花样A，织270行，收针断线。
7. 缝合：用十字绣的方法，将花样B和花样C的图案绣在左前片和右前片，缝上口袋，左前片和右前片与后片的两侧对应缝合，两肩对应缝合，将袖山对应前片和后片的袖窿线缝合，再将袖两侧对应缝合，最后连衣襟，钉纽扣。衣服完成。

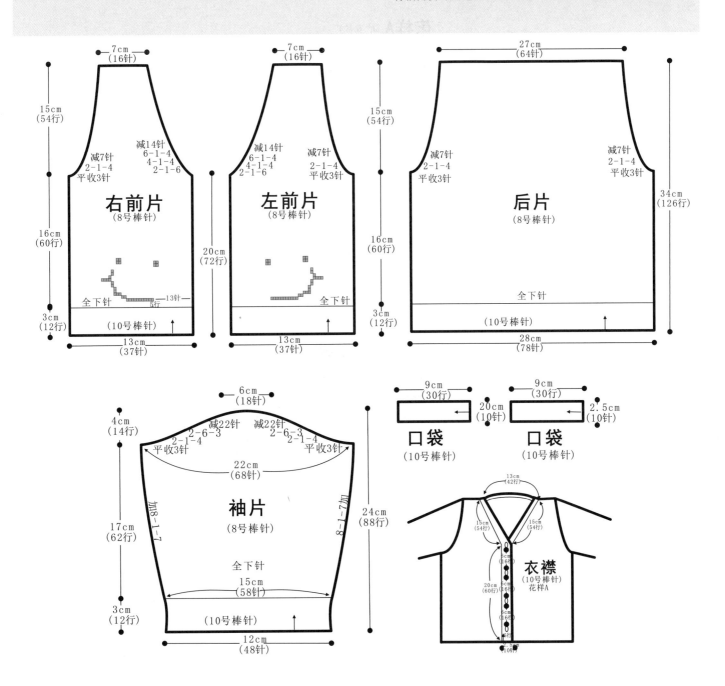

符号说明：

⊟　　上针

□=⊡　　下针

2-1-38　行-针-次

↑　　编织方向

花样A （单罗纹）

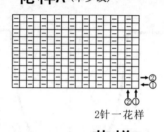

2针一花样

花样B

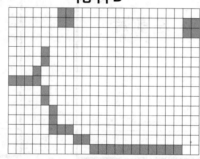

■ 黑色

花样C

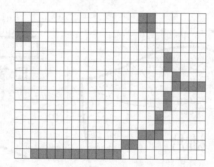

咖啡色韩版小外套

【成品规格】 衣长35cm，胸宽28cm，领宽13cm，袖长31cm

【工　具】 10号棒针

【编织密度】 37针×53行=10cm²

【材　料】 咖啡色丝光棉线250g，纽扣2枚

编织要点：

1. 棒针编织法，由前片2片、后片1片、袖片2片、领片1片组成。从下往上织起。
2. 前片的编织。由右前片和左前片组成，以右前片为例。
(1)一片织成。单罗纹起针法，起36针，其中右侧6针编织花样A，作为门襟，余30针编织下针，织成22行，开始编织花样B(6针门襟继续编织花样A)，不加减针，织成18行至袖隆。袖隆起减针，4-2-10，当织成袖隆算起30行后，右侧进行领边收针，平收6针，2-2-5，至肩部，全部收完针数，收针断线。
(2)相同的方法，相反的方向去编织左前片。
3. 后片的编织。一片织成。单罗纹起针法，起66针，编织花样A，织成6行，开始编织下针，编织22行后，编织花样B，不加减针，织成18行至袖隆。两侧袖隆起减针，4-2-10，共织40行至肩部，余26针，收针断线。
4. 袖片的编织。袖片从袖口起织，一片织成。单罗纹起针法，起56针，编织花样A，起织6行后，开始编织下针，不加减针，编织22行，编织花样B，编织8行至袖隆。两侧袖山减针，4-2-10，织成40行至袖山边，余16针，收针断线。相同的方法去编织另一片。
5. 拼接，将前片的侧缝与后片的侧缝和肩部对应缝合。再将两袖片的袖山边线与衣身的袖隆边对应缝合。
6. 领片的编织。沿着左右前衣领边，各挑出20针，后领边挑出36针共76针编织花样C，编织6行，收针断线。按图相应位置钉上2枚纽扣，贴上KITTY猫图片，衣服完成。

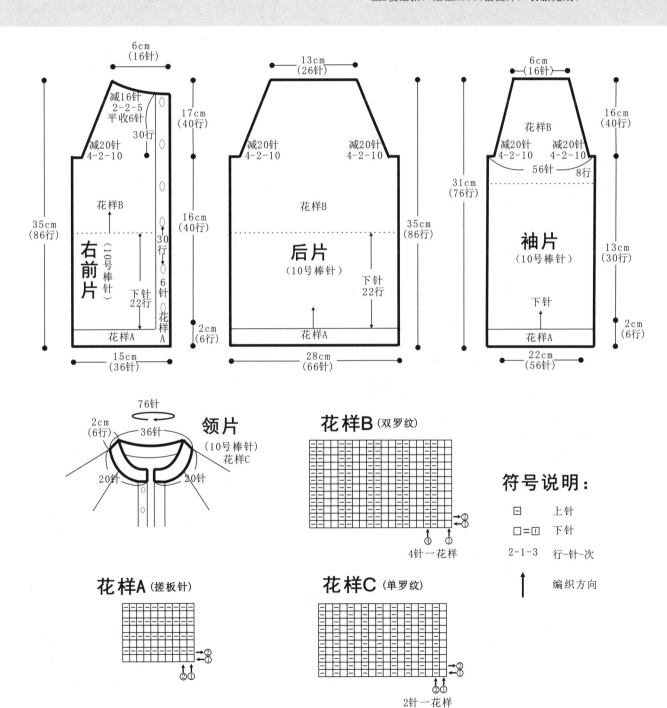

右前片 （10号棒针）
6cm（16针）
减16针 2-2-5 平收6针
30行
减20针 4-2-10
花样B
17cm（40行）
16cm（40行）
35cm（86行）
下针22行
30行 6针 花样A
花样A
15cm（36针）
2cm（6行）

后片 （10号棒针）
13cm（26针）
减20针 4-2-10
减20针 4-2-10
花样B
下针22行
花样A
28cm（66针）
35cm（86行）
2cm（6行）

袖片 （10号棒针）
6cm（16针）
花样B
减20针 4-2-10
减20针 4-2-10
56针 8行
16cm（40行）
31cm（76行）
13cm（30行）
下针
花样A
22cm（56针）
2cm（6行）

领片 （10号棒针）花样C
76针
2cm（6行）
36针
20针
20针

花样B(双罗纹)
4针一花样
②①①
④①

符号说明：

□　上针
□=冚　下针
2-1-3　行-针-次
↑　编织方向

花样A(搓板针)
②①
①②①

花样C(单罗纹)
②①
①②①
2针一花样

紫色短袖装

【成品规格】 衣长35cm，胸宽33cm，
领宽12cm，袖长12cm

【工　　具】 10号棒针

【编织密度】 37针×53行=10cm²

【材　　料】 紫色丝光棉线200g

编织要点：

1.棒针编织法，由前片2片、后片1片、袖片2片组成。从下往上织起。

2.前片的编织。由右前片和左前片组成，以右前片为例。
(1)起针，平针起针法，起37针，编织花样A，编织6行后，右侧留7针继续编织花样A作为门襟，左侧30针编织花样B，不加减针，编织32针，编织下针，编织24行至袖窿。袖窿左侧起减针，4-2-8，2-2-1，编织4行后，编织花样C，编织10行，再编织下针，编织8行后，右侧进行衣领减针，平收7针，2-2-6，织成12行，刚好至肩部，全部收针完毕，收针断线。
(2)相同的方法，相反的方向去编织左前片。

3.后片的编织。起针，平针起针法，起67针，编织花样A，编织6行后，编织花样B，不加减针，编织32行，编织下针，编织24行至袖窿。袖窿两侧起减针，4-2-8，2-2-1，编织4行后，编织花样C，编织10行，再编织下针，编织20行，刚好至肩部，收针断线。

4.袖片的编织。袖片从袖口起织，平针起针法，起44针，编织花样D，进行袖山减针，2-1-18，编织6行，编织花样C，编织10行，然后编织下针，编织20行，收针断线。相同的方法去编织另一袖片。

5.拼接，将前片的侧缝与后片的侧缝对应缝合，将前后片的肩部对应缝合；再将两袖片的袖山边缘线与衣身的袖窿边对应缝合。

6.领片的编织:左右前片前领圈各挑22针，后片领圈挑30针，共74针编织花样E。织成5行。收针断线，领片完成。衣服完成。

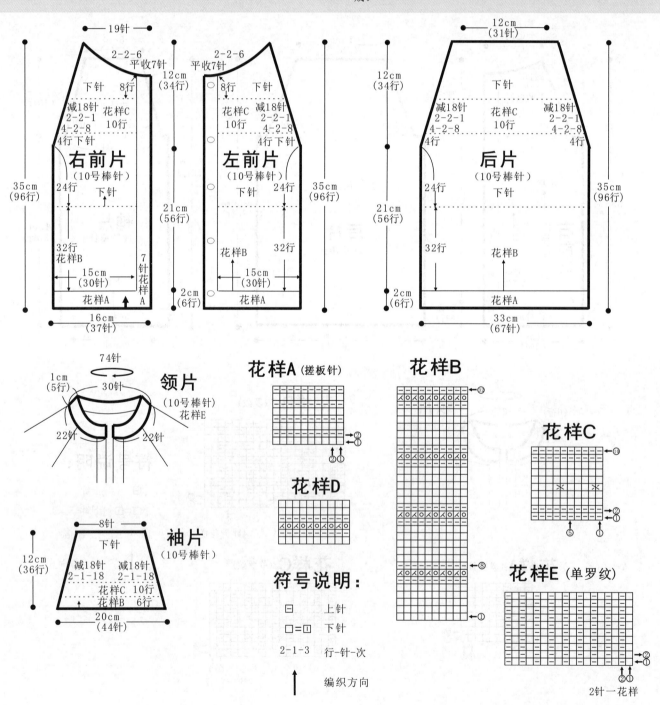

右前片
（10号棒针）

19针
2-2-6
平收7针
下针 8行
减18针 花样C
2-2-1 10行
4-2-8
4行下针
24行 下针
35cm（96行）
32行 花样B
15cm（30针）
7针花样A
花样A
16cm（37针）
12cm（34行）
21cm（56行）
2cm（6行）

左前片
（10号棒针）

2-2-6
平收7针
8行 下针
花样C 减18针
10行 2-2-1
4-2-8
4行下针
24行 下针
35cm（96行）
32行
花样B
15cm（30针）
花样A

后片
（10号棒针）

12cm（31针）
下针
减18针 花样C 减18针
2-2-1 10行 2-2-1
4-2-8 4-2-8
4行 4行
24行 下针
35cm（96行）
32行 花样B
花样A
33cm（67针）
12cm（34行）
21cm（56行）
2cm（6行）

领片
（10号棒针）
花样E

74针
1cm（5行）
30针
22针　22针

袖片
（10号棒针）

8针
下针
减18针 减18针
2-1-18 2-1-18
花样C 10行
花样B 6行
20cm（44针）
12cm（36行）

花样A（搓板针）

花样B

花样C

花样D

花样E（单罗纹）
2针一花样

符号说明：

□　　上针

□=1　下针

2-1-3　行-针-次

↑　编织方向

桃心领小开衫

【成品规格】 衣长31cm, 胸宽30cm, 肩宽28cm, 袖长18cm

【工 具】 10号棒针

【编织密度】 26.7针×33.3行=10cm²

【材 料】 天蓝色丝光棉线200g, 黄色黑色红色各50g, 纽扣4枚

编织要点:

1. 棒针编织法, 由前片2片、后片1片、袖片2片组成。从下往上织起。

2. 前片的编织。由右前片和左前片组成, 以右前片为例。
(1)起针, 单罗纹起针法, 起45针, 编织花样A, 编织16行后, 编织下针, 不加减针, 编织58行至袖窿。袖窿左侧起减针, 2-1-6, 同时右侧进行衣领减针, 2-1-7、4-1-10, 4行平坦, 织成58行, 刚好至肩部, 余下21针, 收针断线。
(2)相同的方法, 相反的方向去编织左前片。

3. 后片的编织。单罗纹起针法, 起96针, 编织花样A, 不加减针, 编织16行后。下一行编织下针, 不加减针织58行至袖窿, 袖窿两侧起减针, 2-1-6。编织58行至肩部, 余下84针, 收针断线。

4. 袖片的编织。袖片从袖口起织, 单罗纹起针法, 起48针, 编织花样A, 不加减针, 往上织12行的高度, 分散加针20针, 下一行编织下针, 两边侧缝加针, 6-1-8, 12行平坦, 织60行至袖窿边。全部平收, 余下84针, 收针断线。相同的方法去编织另一袖片。

5. 拼接, 将前片的侧缝与后片的侧缝对应缝合, 将前后片的肩部对应缝合;再将两袖片的袖山边线与衣身的袖窿边对应缝合。

6. 领片的编织:左右前片衣身各挑68针, 前领圈各挑52针, 后片领圈挑40针, 共280针编织花样A。织成8行。右侧衣身门襟均匀留出4个扣眼, 收针断线。左前片门襟相应钉上纽扣, 门襟完成。

7. 左右前片的相应位置按花样B用平针绣的方法绣上平针绣图案, 衣服完成。

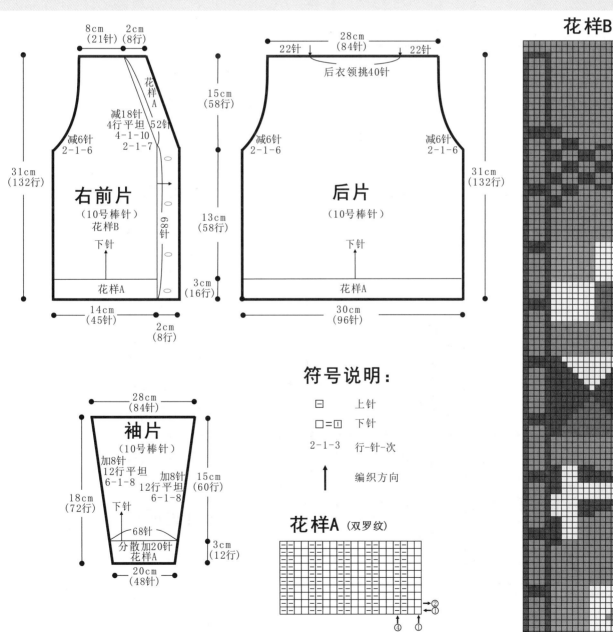

花样B

右前片
（10号棒针）
花样B
下针
花样A

8cm（21针） 2cm（8行）
花样A
减18针 4行平坦 4-1-10 52针
2-1-7
减6针 2-1-6
68针
31cm（132行）
14cm（45针）
2cm（8行）

后片
（10号棒针）
下针
花样A

28cm（84针）
22针 22针
后衣领挑40针
15cm（58行）
减6针 2-1-6
减6针 2-1-6
31cm（132行）
13cm（58行）
3cm（16行）
30cm（96针）

袖片
（10号棒针）
加8针 12行平坦 6-1-8
加8针 12行平坦 6-1-8
下针
68针
分散加20针
花样A

28cm（84针）
18cm（72行）
15cm（60行）
3cm（12行）
20cm（48针）

符号说明:

⊟ 上针

□=⊟ 下针

2-1-3 行-针-次

↑ 编织方向

花样A (双罗纹)

4针一花样

彩虹扣圆领毛衣

【成品规格】 衣长31cm，胸宽28cm，肩宽24cm

【工　　具】 12号棒针

【编织密度】 34针×45行＝10cm²

【材　　料】 红色丝光棉线400g

编织要点：

1.棒针编织法，由前片2片、后片1片、袖片2片组成。从上往下织起。

2.领圈即肩片的编织，一片织起，起针，平针起针法，起98针，编织花样A，不加减针，织4行的高度，领圈完成，下一行起编织肩片，起始针数和结尾针数各留6针作为门襟，一直编织花样C。剩余部分编织49组花样B，门襟编织不变，编织36行，此时领圈和前后肩片编织完毕。留针留线。除门襟12针继续编织花样C外，将178针分为2个28针为2片前片，2个36针为2片袖片，1个50针为后片的起始针数。

3.前片的编织。由右前片和左前片组成。

(1)右前片的编织，将右肩片留有的28针作为右前片的起始针数(6针为门襟，继续编织花样C)，不加减针，间隔15行留出3个扣眼)，编织下针，不加减针，编织40行后，编织花样C，织成6行后和门襟边一起收针断线。

(2)左前片的编织，相同的方法，相反的方向去编织左前片。不同的是门襟不留扣眼，直接编织。

4.后片的编织。将后肩片留有的50针作为后片的起始针数，编织下针，不加减针，编织40行后，编织花样C，织成6行后收针断线。

5.袖边的编织，将右肩片留有的36针作为右袖边的起始针数，编织花样A，织成2行后收针断线。相同的方法，相反的方向去编织另一个袖边。

6.拼接，将前后片的侧缝，袖片的侧缝对应缝合，左前片门襟对应钉上纽扣，衣服完成。

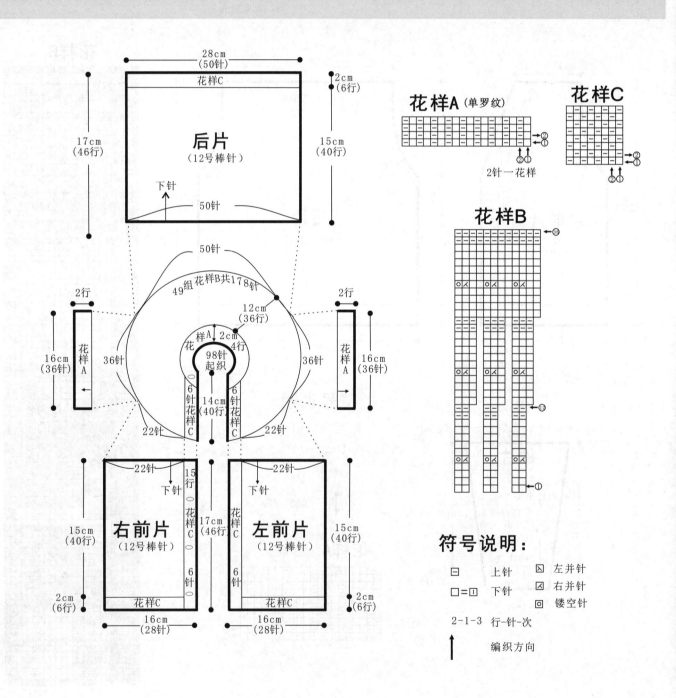

符号说明：

□	上针	⊠	左并针
□=□	下针	⊠	右并针
		⊡	镂空针

2-1-3　行-针-次

↑　编织方向

黄色长袖装

【成品规格】 衣长31cm，胸宽26cm，
肩宽14cm，袖长30cm

【工　　具】 10号棒针

【编织密度】 37针×53行=10cm²

【材　　料】 土黄色丝光棉线400g，
纽扣6枚

编织要点：

1.棒针编织法，由前片2片、后片1片、袖片2片、领片1片组成。从下往上织起。
2.前片的编织。由右前片和左前片组成，以右前片为例。
(1)一片织成。单罗纹起针法，起49针，其中右侧6针编织花样C，作为门襟（约30行留一个扣眼，共留6个扣眼），余43针编织花样A，织成20行，开始编织花样B（6针门襟继续编织花样C），不加减针，织成92行至袖窿。袖窿起减针，平收4针，然后2-1-26，当织成袖窿算起编织44行后，右侧进行领边收针，平收15针，2-1-4，至肩部，收针断线。
(2)相同的方法，相反的方向去编织左前片。不同的是门襟处不留扣眼。
3.后片的编织。一片织成。单罗纹起针法，起92针，编织花样A，织成20行，开始编织花样B，不加减针，织成92行至袖窿。两侧袖窿起减针，平收4针，然后2-1-26，共织52行时至肩部，余32针，收针断线。
4.袖片的编织。袖片从袖口起织，一片织成。单罗纹起针法，起36针，编织花样A，起织20行后，开始编织花样B，同时进行袖身侧缝加针，12-1-6，8行平坦，编织80行至袖窿。两侧袖山减针，平收4针，然后2-1-26，织成52行至袖山边，余14针，收针断线。相同的方法去编织另一袖片。
5.拼接。将前片的侧缝与后片的侧缝和肩部对应缝合。再将两袖片的袖山边线与衣身的袖窿边对应缝合。
6.领片的编织。沿着左右前衣领边，各挑出26针，后领边挑出46针共98针编织花样A，编织8行，向内对折双层4行，对应缝合。收针断线。衣服完成。

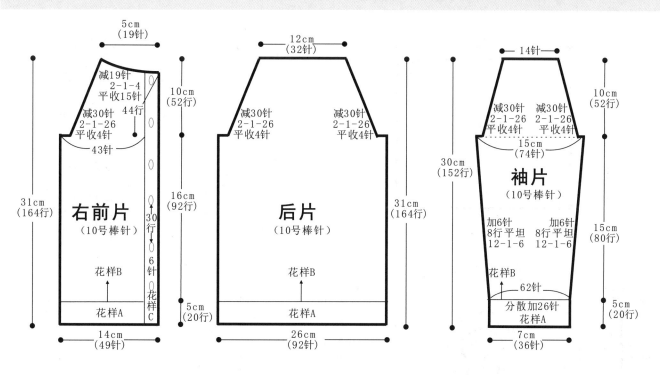

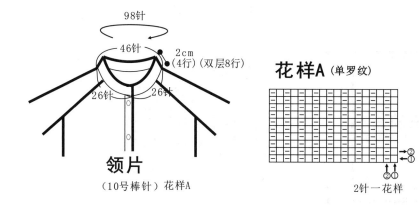

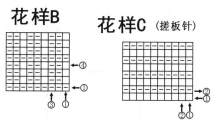

花样A（单罗纹）

2针一花样

花样B

花样C（搓板针）

符号说明：

□ 上针

□=回 下针

2-1-3 行-针-次

↑ 编织方向

米白色短袖装

【成品规格】 衣长31cm，胸宽29cm，肩宽24cm

【工　　具】 12号棒针

【编织密度】 34针×45行=10cm²

【材　　料】 白色丝光棉线250g，纽扣4枚

编织要点：

1.棒针编织法，由前片2片、后片1片，袖片2片组成。从上往下织起。

2.领圈即肩片的编织，一片织起，起针，平针起针法，起98针，编织花样A，不加减针，织4行的高度，领圈完成，下一行起编织肩片，起始针数和结尾针数各留6针作为门襟，一直编织花样C。剩余部分编织49组花样B，门襟编织不变，编织花样C，此时领圈和前后肩片编织完毕。留针留线。除门襟12针继续编织花样C外，将178针分为2个28针为2片前片，2个36针为2片袖片，1个50针为后片的起始针数。

3.前片的编织。由右前片和左前片组成。
（1）右前片的编织，将右肩片留有的28针作为右前片的起始针数（6针为门襟，继续编织花样C），不加减针，间隔15行留出3个扣眼），编织花样D，不加减针，编织40行后，编织花样C，织成6行后和门襟边一起收针断线。
（2）左前片的编织，相同的方法，相反的方向去编织左前片。不同的是门襟不留扣眼，直接编织。

4.后片的编织。将后肩片留有的50针作为后片的起始针数，编织花样D，不加减针，编织40行后，编织花样C，织成6行后收针断线。

5.袖边的编织，将右肩片留有的36针作为右袖边的起始针数，编织花样E，织成4行后收针断线。相同的方法，相反的方向去编织另一个袖边。

6.拼接，将前后片的侧缝，袖片的侧缝对应缝合，左前片门襟对应钉上纽扣，衣服完成。

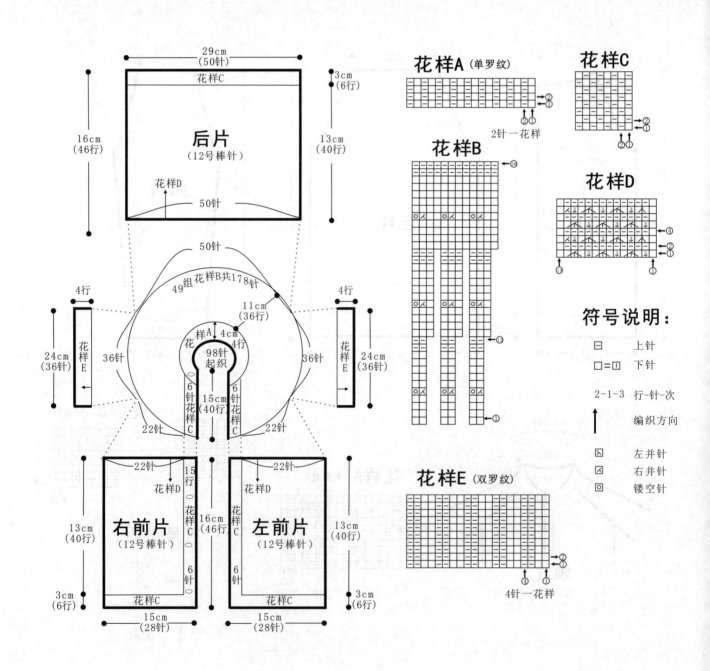

小熊仔图案毛衣

【成品规格】 衣长34cm，胸宽31cm，
肩宽24cm，袖长27cm

【工　　具】 12号棒针

【编织密度】 花样C：27.7针×47.7行=10cm²
花样B：27.5针×40行=10cm²

【材　　料】 黄色丝光棉线250g，黑色50g，
白色30g，纽扣5枚

编织要点：

1. 棒针编织法，由前片2片、后片1片、袖片2片组成。从下往上织起。
2. 前片的编织。由右前片和左前片组成，以右前片为例。
(1)起针，单罗纹起针法，起45针，用棕色线编织花样A，不加减针，编织16行后，编织下针，不加减针，将45针平均分为15针分别黄色、棕色、黄色交错编织，编织14行后，再按棕色、黄色、棕色交错编织，编织14行后，编织花样B，38行至袖窿。袖窿左侧起减针，先平收6针，2-1-7，编织花样B结束，换成黄色线编织下针，当织成袖窿算起32行的高度时，右侧进行衣领减针，平收4针，2-2-4、2-1-3，10行平坦，织成24行，至肩部，余17针收针断线。
(2)相同的方法，相反的方向去编织左前片。
3. 后片的编织。起针，单罗纹起针法，起96针，用棕色线编织花样A，不加减针，编织16行后，编织下针，换成黄色线编织14行后，再换成棕色线编织14行后，一直用黄色线编织，不加减针编织66行至袖窿。袖窿两侧起减针，先平收6针，2-1-7，当织成袖窿算起52行时，下一行中间收针32针，两边相反方向减针，各减2针，2-1-2，两肩部各收下17针，收针断线。
4. 袖片的编织。袖片从袖口起针，单罗纹起针法，起44针，用棕色线编织花样A，编织16行后，分散加12针，用黄色线编织下针，下一行开始编织袖身，两边侧缝加针，8-1-8，编织64行至袖窿，并进行袖山减针，两边各2-2-13，织成26行，余下24针，收针断线。相同的方法去编织另一袖片。
5. 拼接，将前片的侧缝与后片的侧缝和肩部对应缝合。袖山和袖窿处对应缝合。
6. 领片的编织。用棕色线沿着左前后和后前片的衣领边各挑出40针，后片衣领处挑出36针，共116针，编织花样A，不加减针织10行。收针断线。
7. 门襟的编织。用棕色线沿着右前片和左前片侧边各挑出112针，编织花样A，编织10行，收针断线。同时在左前片门襟每隔27行留一个扣眼，共留5个扣眼。右前片门襟相应位置钉上纽扣。衣服完成。

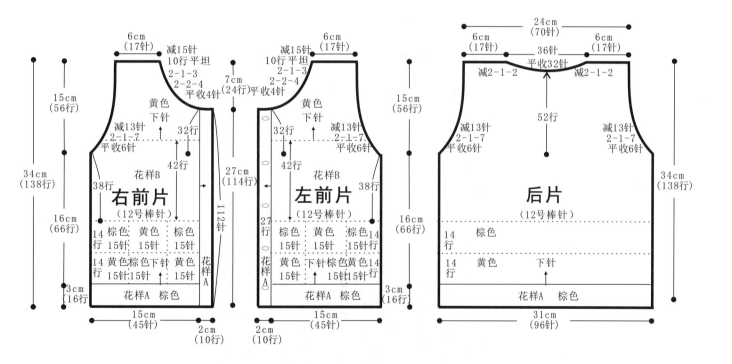

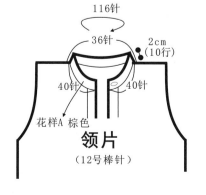

领片
（12号棒针）

符号说明：

⊟	上针
□=⊡	下针
2-1-3	行-针-次
↑	编织方向

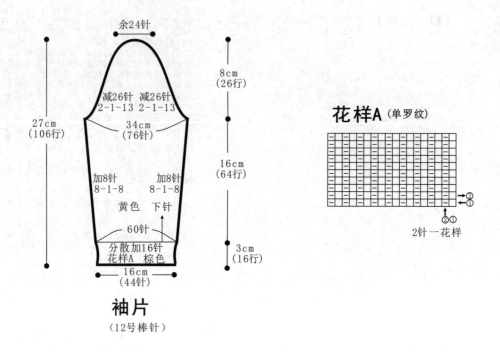

余24针

8cm
(26行)

减26针　减26针
2-1-13　2-1-13

34cm
(76针)

27cm
(106行)

16cm
(64行)

加8针　　加8针
8-1-8　　8-1-8

黄色　下针

60针

3cm
(16行)

分散加16针
花样A　棕色

16cm
(44针)

袖片

（12号棒针）

花样A（单罗纹）

②
①
②①

2针一花样

花样B

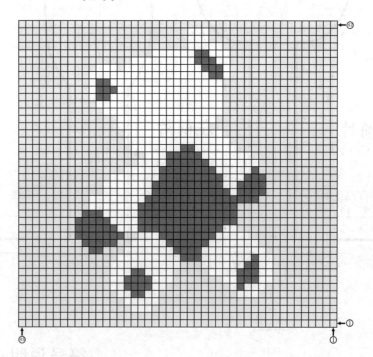

④

①

④

①

可爱韩版外套

【成品规格】 衣长50cm，衣宽48cm，袖长18cm

【工　　具】 8号棒针

【编织密度】 13.8针×20行=10cm²

【材　　料】 灰色粗腈纶毛线600g

编织要点：

1. 棒针编织法。由上往下织，身片、袖片一起织成。
2. 平针起针法起84针平织26行后开始分针，前片11×2=22针，后片30针，肩部12×2=26针，共4条径×2=8针，总共84针。
3. 沿领窝挑84针，织平针26行。
4. 衣片全用平针织，领口开始两边各加1针(采用燕尾加针法，详见花样B，织到前片的时候用引退针法织，每来回挑1针2次，挑2针1次，挑3针1次，挑4针1次。每条径每边加够30针。这时后片92针，前片42×2=84针，肩部74×2=148(含4条径的针数)。把两肩部的针留着，先织后片的92针，织26行后开始换白色线织花样A，同样方法织左右前片。
5. 如图示沿衣片边挑84针织8行花样A(织到第4行时按花样D留出扣眼)。
6. 用棒针织带子，用钩针钩出小花，从第一次加针的燕尾洞穿过系上即可。

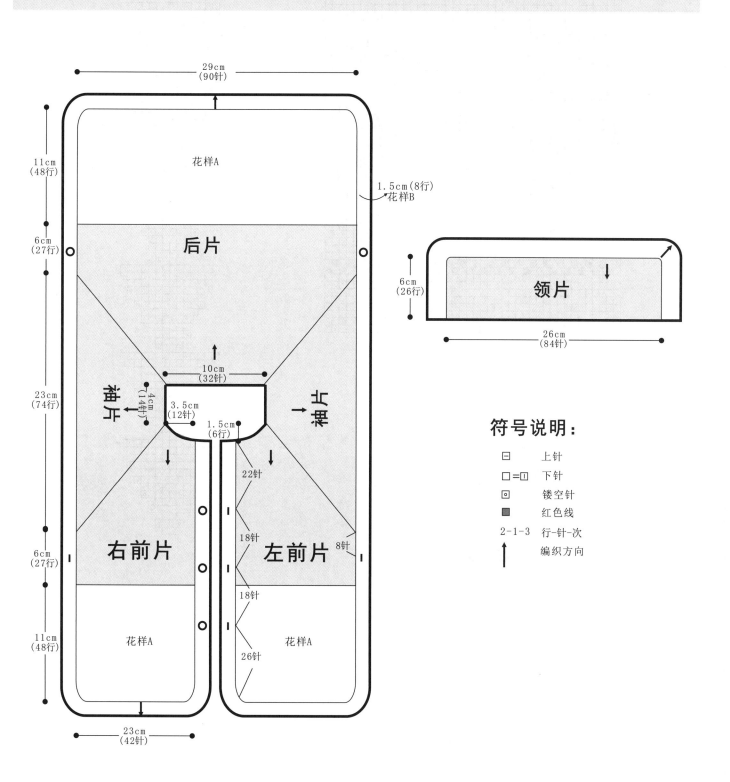

符号说明：

▯	上针
□=回	下针
⊡	镂空针
■	红色线
2-1-3	行-针-次
↑	编织方向

花样B

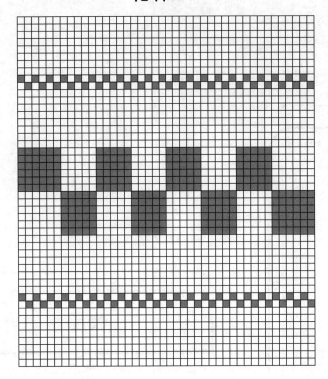

花样C （燕尾加针法）

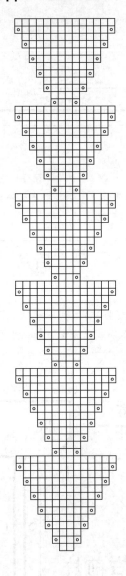

花样A （搓板针）

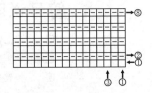

花样D

兔耳朵连帽开衫

【成品规格】 衣长32cm，胸宽32cm，
肩宽30cm，袖长25cm

【工　　具】 12号棒针

【编织密度】 花样C：27.7针×47.7行=10cm²
花样B：27.5针×40行=10cm²

【材　　料】 黄色丝光棉线400g，黑色线100g

编织要点：

1.棒针编织法，由前片2片、后片1片、袖片2片组成。从下往上织起。

2.前片的编织。由右前片和左前片组成，以右前片为例。
(1)起针，单罗纹起针法，起42针，用黑色线编织花样A，不加减针，编织2行后，换成黄色线编织14行后，编织下针，不加减针编织64行至袖隆。袖隆左侧起减针，先平收4针，2-1-4，当织成袖隆的高度时，右侧进行衣领减针，平收8针，2-1-6，织成26行，至肩部，余下20针，收针断线。
(2)相同的方法，相反的方向去编织左前片。

3.后片的编织。起针，单罗纹起针法，起90针，用黑色线编织花样A，不加减针，编织2行后，换成黄色线编织14行后，编织下针，不加减针编织64行至袖隆。袖隆两侧起减针，先平收4针，2-1-4，当织成袖隆算起72行时，下一行中间收针30针，两边相反方向减针，各减2针，2-1-2，两肩部余下20针，收针断线。

4.袖片的编织。袖片从袖口起织，单罗纹起针法，起68针，用黑线编织花样A，不加减针，编织2行后，换成黄色线编织14行后，编织下针，下一行开始编织袖身，两边侧缝加针，10-1-6，编织60行至袖隆，并进行袖山减针，两边各收针4针，然后2-1-4，织成20行，余下64针，收针断线。相同的方法去编织另一袖片。

5.领片的编织，由后领片、左领片和右领片组成。
(1)后领片的编织。一片织成。下针起针法，起30针，起织花样B，不加减针，编织76行后，编织下针，编织18行，收针断线。
(2)右领片的编织。一片织成。下针起针法，起36针，起织花样B，不加减针，编织76行后，收针断线。相同的方法，相反的方向去编织左领片。

6.拼接，将前片的侧缝与后片的侧缝和肩部对应缝合。袖山和袖隆处对应缝合。再将左右领片和后领片的缝合处对应缝合后再和前后片的领边对应缝合。

7.门襟的编织。沿着右前片侧和左前片侧边各挑出98针，沿着帽边挑出144针，连在一起，编织花样B，编织8行，再用黑色线编织2行，沿着衣服底边收针断线。

8.用黑色线、绿色线、红色线按图案依样编织，衣服完成。

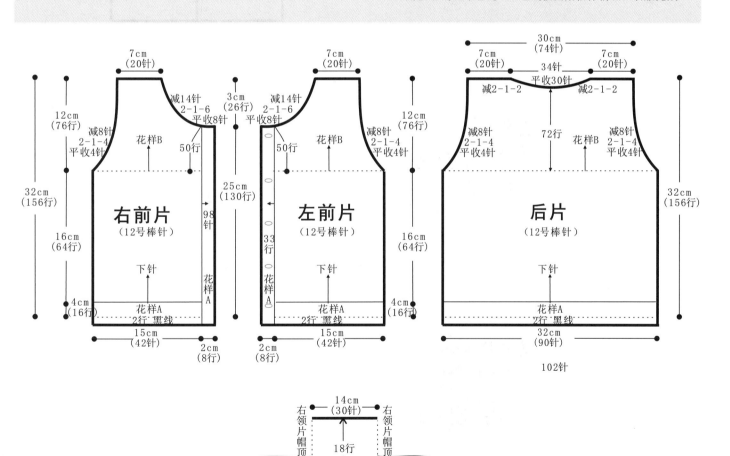

111

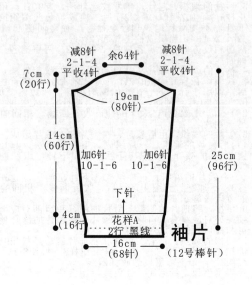

减8针 余64针 减8针
2-1-4 2-1-4
平收4针 平收4针

7cm
（20行）

19cm
（80针）

14cm
（60行）

25cm
（96行）

加6针 加6针
10-1-6 10-1-6

下针

4cm
（16行）

花样A
2行·黑线

袖片

16cm
（68针）

（12号棒针）

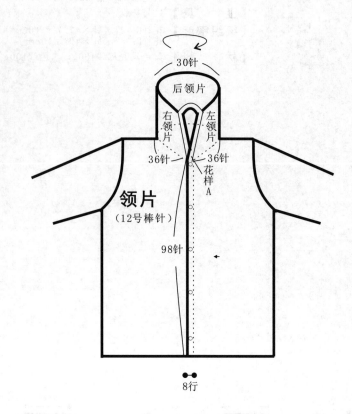

30针

后领片

右领片 左领片

36针 36针 花样A

领片

（12号棒针）

98针

8行

花样A (单罗纹)

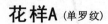

② →
① →

②↑↑①

2针一花样

符号说明：

□ 上针

□=□ 下针

2-1-3 行-针-次

↑ 编织方向

⊠ 左并针

⊠ 右并针

◎ 镂空针

花样B (搓板针)

② →
① →

②↑↑①

112

粉色淑女短袖

【成品规格】衣长23cm，胸宽22cm，
肩宽11cm，袖长10cm

【工　　具】10号棒针

【编织密度】37针×53行=10cm²

【材　　料】粉红色丝光棉线300g

编织要点：

1.棒针编织法，由前片2片、后片1片、袖片2片，领片1片组成。从上往下织起。

2.前片的编织。由右前片和左前片组成，以右前片为例。

(1)一片织成。平针起针法，起5针，编织下针，1-1-12。同时左侧5针进行袖山加针，2-1-16，编织32行至袖隆。不加减针，开始编织衣身。编织下针42行，收针断线。

(2)相同的方法，相反的方向去编织左前片。

3.后片的编织。一片织成。平针起针法，起32针，左右外侧5针编织花样D，中间22针编织下针。同时进行左右外侧袖山加针，2-1-16，编织32行至袖隆。不加减针，开始编织衣身。编织下针42行，收针断线。

4.短袖片的编织。袖片从袖山起织，一片织成。平针起针法，起16针，左右外侧5针编织花样D，中间6针编织下针。同时进行左右外侧袖山加针，2-1-16，编织32行至袖隆收针断线。相同的方法去编织另一袖片。

5.拼接，将前片的侧缝与后片的侧缝和肩部对应缝合。再将两袖片的袖山边线与衣身的袖隆边对应缝合。

6.领片的编织，沿着前领边各挑20针，后领边挑32针，编织20行花样C，再织下针，织6行完成。领子完成。

7.衣边的编织。沿着右前片、左前片门襟、衣底边、侧缝边、袖山边、后片的侧缝边和衣底边每3针挑出2针，编织花样A，编织9行，收针断线，相应位置钉上纽扣，最后根据花样B。钩织两个小熊头钩针织片，缝于前片。衣服完成。

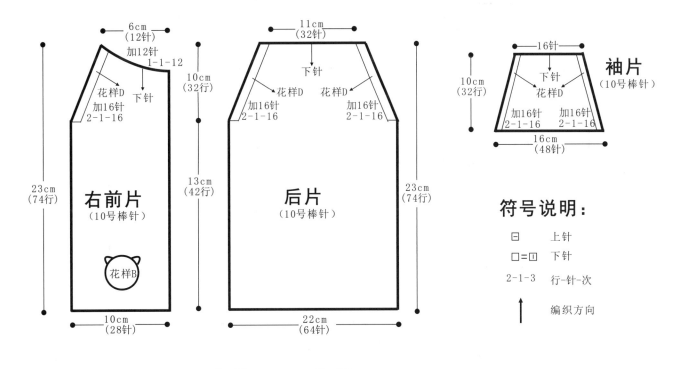

右前片（10号棒针）
6cm（12针）　加12针 1-1-12　花样D　下针　加16针 2-1-16　花样B　23cm（74行）　10cm（28针）　10cm（32行）　13cm（42行）

后片（10号棒针）
11cm（32针）　下针　花样D　加16针 2-1-16　23cm（74行）　22cm（64针）

袖片（10号棒针）
16针　下针　花样D　加16针 2-1-16　10cm（32行）　16cm（48针）

符号说明：

□　上针

□=回　下针

2-1-3　行-针-次

↑　编织方向

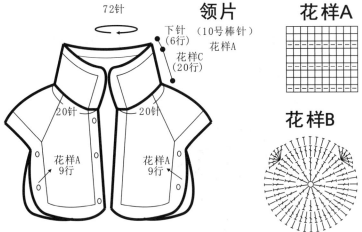
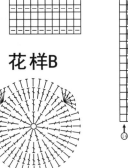
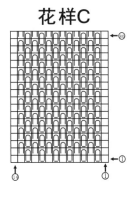

领片（10号棒针）
72针　下针（6行）花样A　花样C（20行）　20针　20针　花样A 9行　花样A 9行

花样A

花样B

花样C

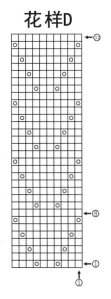

花样D

韩版双排扣毛衣

【成品规格】 衣长35cm，衣宽35cm，袖长33cm

【工　　具】 10号棒针

【编织密度】 24针×36行＝10cm²

【材　　料】 青腈纶毛线600g

编织要点：

1.棒针编织法：由前片、后片、袖片和领片组成。

2.前片的编织：平针起针法起46针平针织72行，按平收4针、4-2-4的方法收袖隆，然后再平针织36行，平针锁针法锁边。(按图示在第44行留扣眼，然后每隔28行留扣眼，共留3组扣眼)。织完右前边再用同样的方法编织另一片(左前片不留扣眼)。

3.后片的编织：平针起针法起84针平针织74行，平针锁边，下半部分完成。按平收4针、4-2-4的方法收袖隆，然后再平针织36行，平针锁针法锁边。

4.袖片的编织：平针起针法起56针，每边按6-1-4的收针法收，再继续平针织58行，后按平收4针、4-2-7的方法收袖隆。

5.用缝衣针先把后片(下)后面的褶按图示打好褶(A B两点打褶到C点)，然后把上下两后片缝合起来，再把前后片，袖片缝合起来。

6.领片的编织，沿领圈挑76针平针织18行，平针锁边。

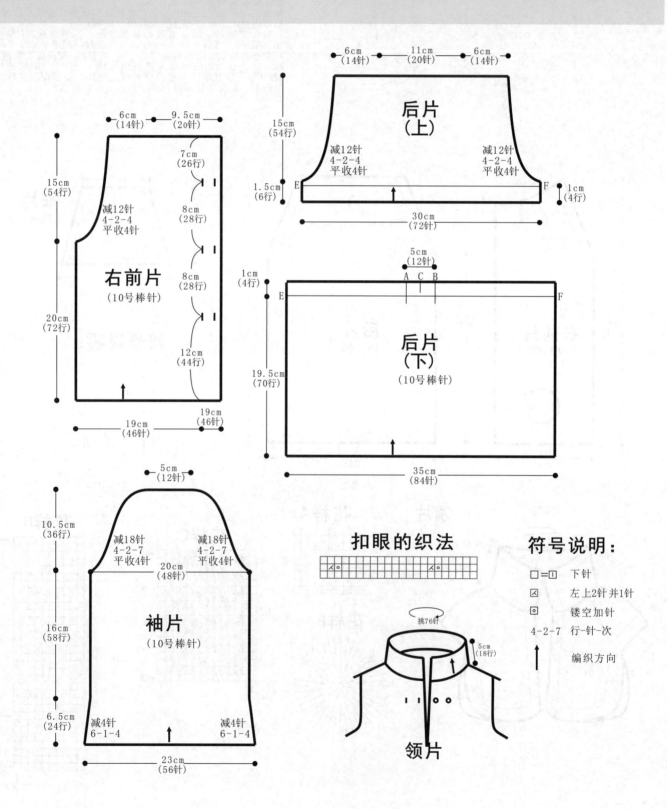

扣眼的织法

符号说明：

□=① 下针

☒ 左上2针并1针

◉ 镂空加针

4-2-7 行-针-次

↑ 编织方向

阳光运动休闲装

【成品规格】衣长39cm，胸宽31cm，
　　　　　　肩宽22cm，袖长39cm

【工　　具】12号棒针

【编织密度】花样C：27.7针×47.7行=10cm²
　　　　　　花样B：27.5针×40行=10cm²

【材　　料】棕黑色丝光棉线300g，白色线、
　　　　　　灰色线、红色线各50g，纽扣6枚

编织要点：

1.棒针编织法，由前片2片、后片1片、袖片2片组成。从下往上织起。

2.右前片的编织。起针，双罗纹起针法，起50针，编织花样A，不加减针，编织20行后，编织花样B的P字图案，编织50行后，编织花样B的五角星图案，编织10行至袖隆。袖隆左侧起减针，2-1-39，编织30行后，编织下针，当织成袖隆算起50行的高度时，右侧进行衣领减针，2-2-5、2-1-1，8行平坦，织成20行，至肩部，收针断线。

3.左前片的编织。起针，双罗纹起针法，起50针，编织花样A，不加减针，编织20行后，编织花样B的箭头图案，编织23行后，编织花样B的箭头图案，编织29行后，再编织下针10行至袖隆。袖隆右侧起减针，2-1-39，同时编织花样B的E字图案，当织成袖隆算起50行的高度时，左侧进行衣领减针，2-2-5、2-1-1，8行平坦，织成20行，至肩部，收针断线。

4.后片的编织。起针，双罗纹起针法，起110针，编织花样A，不加减针，编织20行后，编织下针，不加减针编织60行至袖隆。袖隆两侧起减针，2-1-39，当织成袖隆算起78行时，余32针，收针断线。

5.袖片的编织。袖片从袖口起织，双罗纹起针法，起48针，不加减针，编织20行后，分散加18针，编织下针，下一行开始编织袖身，两边侧缝加针，6-1-10，编织60行至袖隆。并进行袖山减针，两边2-1-39，织成78行，余下8针，收针断线。相同的方法去编织另一袖片。

6.领片的编织。由后领片、左领片和右领片组成。
(1)后领片的编织。一片织成。下针起针法，起40针，起织下针，不加减针，编织95行后，收针断线。
(2)右领片的编织。一片织成。下针起针法，起36针，起织下针，不加减针，编织74行后，收针断线。相同的方法，相反的方向去编织左领片。

7.拼接，将前片的侧缝与后片的侧缝和肩部对应缝合。袖山和袖隆处对应缝合。再将左右领片和后领片的缝合处对应缝合后再和前后片的领边对应缝合。

8.门襟的编织。沿着右前片和左前片侧边各挑出120针，沿着帽边左右挑出96针，连在一起，编织花样A，编织10行，收针断线。同时左前片门襟每隔24行留一个扣眼，共留6个扣眼，在右前片门襟相应位置钉上纽扣，衣服完成。

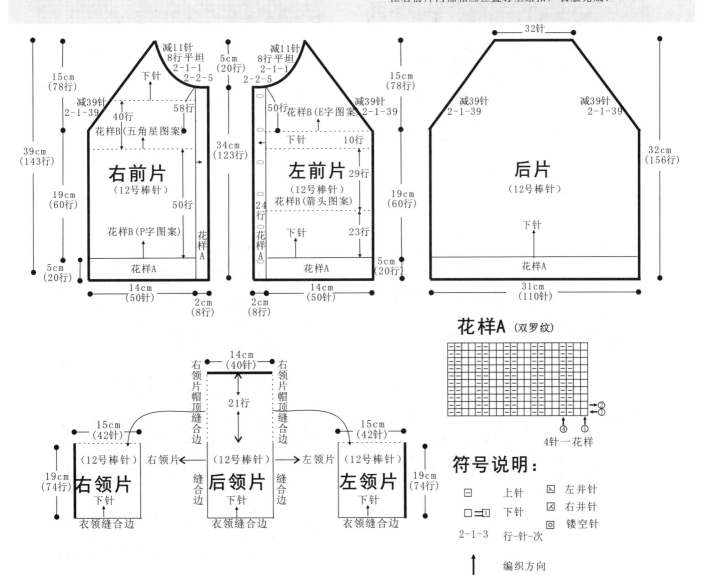

花样A（双罗纹）

4针一花样

符号说明：

□ 上针　　　　　⊠ 左并针
□=① 下针　　　 ☑ 右并针
　　　　　　　 ⊙ 镂空针

2-1-3　行-针-次

↑ 编织方向

115

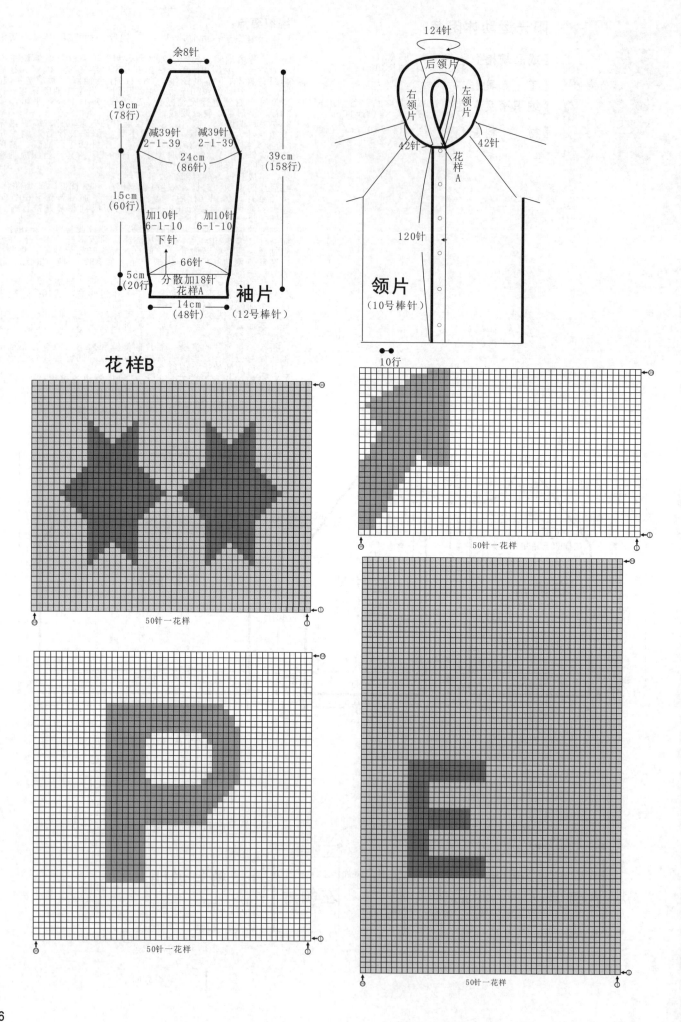

余8针

19cm
(78行)

减39针
2-1-39

减39针
2-1-39

24cm
(86针)

15cm
(60行)

加10针
6-1-10

加10针
6-1-10

下针

39cm
(158行)

5cm
(20行)

66针

分散加18针
花样A

14cm
(48针)

袖片

(12号棒针)

124针

后领片

右领片

左领片

42针

42针

花样A

120针

领片

(10号棒针)

花样B

10行

50针一花样

50针一花样

50针一花样

50针一花样

116

红色高领毛衣

【成品规格】衣长40cm，胸宽30cm，肩宽26cm，袖长35cm

【工　具】10号棒针，11号棒针

【编织密度】20针×26.4行＝10cm²

【材　料】红色丝光棉线400g

编织要点：

1. 棒针编织法，由前片1片、后片1片、袖片2片、领片1片组成。从下往上织起。

2. 前片的编织。一片织成。起针，单罗纹起针法，用11号棒针起102针，起织花样A，编织18行后，换成10号棒针开始衣身编织。起织花样B，不加减针，织成72行至袖窿。袖窿起减针，两侧同时平收8针，4-2-3，当织成袖窿算起36行时，中间平收22针，两边进行领边减针，2-2-4，10行平坦，至肩部，各织下18针，收针断线。

3. 后片的编织。一片织成。起针，单罗纹起针法，用11号棒针起102针，起织花样A，编织18行后，换成10号棒针开始衣身编织。起织花样B，不加减针，织成72行至袖窿。袖窿起减针，两侧同时平收8针，4-2-3，当织成袖窿算起50行时，中间平收34针，两边进行领边减针，2-1-2，至肩部，各织下18针，收针断线。

4. 袖片的编织。袖片从袖口起织，单罗纹起针法，用11号棒针起48针，起织花样A，编织16行后，分散加12针，换成10号棒针开始袖身编织。起织花样B，两边侧缝加针，6-1-10，6行平坦，织66行至袖窿，并进行袖山减针，平收8针。2-2-10，余下24针，收针断线。相同的方法去编织另一袖片。

5. 拼接，将前片的侧缝与后片的侧缝和肩部对应缝合。再将两袖片的袖山边线与衣身的袖窿边对应缝合。

6. 领片的编织，用11号棒针沿着前领边挑56针，后领边挑40针，编织花样A，织50行，收针断线。衣服完成。

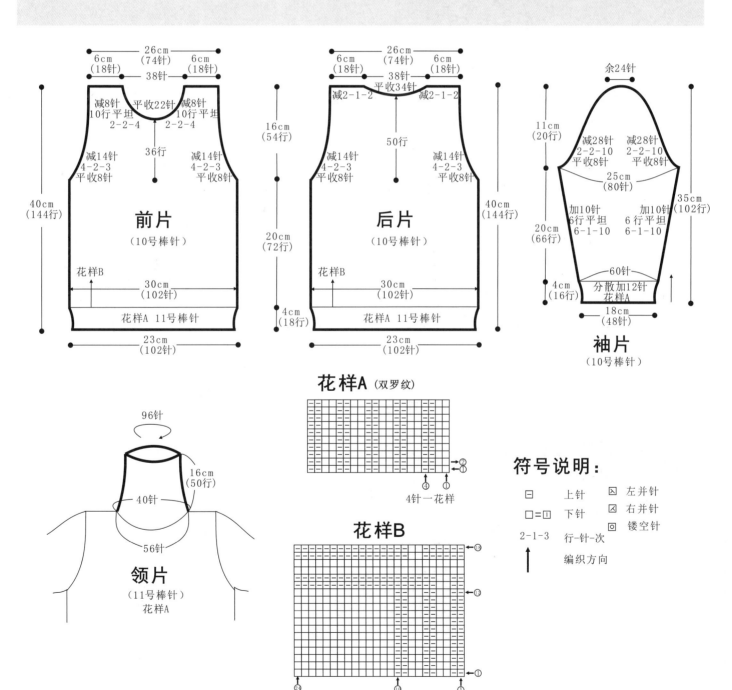

前片（10号棒针）

26cm（74针）
6cm（18针）　6cm（18针）
38针
减8针　平收22针　减8针
10行平坦　　　　10行平坦
2-2-4　　　　　2-2-4
减14针　　　　36行　　　减14针
4-2-3　　　　　　　　4-2-3
平收8针　　　　　　　平收8针
40cm（144行）
花样B
30cm（102针）
花样A 11号棒针
23cm（102针）

后片（10号棒针）

26cm（74针）
6cm（18针）　6cm（18针）
38针
平收34针
减2-1-2　　　　减2-1-2
16cm（54行）
50行
减14针　　　　　　减14针
4-2-3　　　　　　4-2-3
平收8针　　　　　平收8针
40cm（144行）
20cm（72行）
花样B
30cm（102针）
4cm（18行）
花样A 11号棒针
23cm（102针）

袖片（10号棒针）

余24针
11cm（20行）
减28针　　减28针
2-2-10　　2-2-10
平收8针　　平收8针
25cm（80针）
35cm（102行）
加10针　　加10针
6行平坦　　6行平坦
6-1-10　　6-1-10
20cm（66行）
60针
4cm（16行）
分散加12针
花样A
18cm（48针）

领片（11号棒针）花样A

96针
16cm（50行）
40针
56针

花样A（双罗纹）

4针一花样

花样B

符号说明：

□　上针
□=①　下针
2-1-3　行-针-次
↑　编织方向

⊠　左并针
⊠　右并针
⊡　镂空针

117

白色绣花套头装

【成品规格】 衣长38cm，胸宽30cm，肩宽19cm，袖长29cm

【工　　具】 10号棒针

【编织密度】 20针×26.4行=10cm²

【材　　料】 白色丝光棉线400g

编织要点：

1. 棒针编织法，由前片1片、后片1片、袖片2片、领片1片组成。从下往上织起。

2. 前片的编织。一片织成。起针，平针起针法，起108针，起织花样A，编织10行后，起织平针，不加减针，织成76行开始编织花样B，同时分散收32针，共有76针，编织8行至袖窿。袖窿起减针，两侧同时2-2-4，当织成袖窿算起30行时，中间平收12针，两边进行领边减针，2-2-5，28行平坦，再织38行后，至肩部，各余下14针，收针断线。

3. 后片的编织。一片织成。起针，平针起针法，起108针，起织花样B，编织10行后，起织平针，不加减针，织成76行开始编织花样B，同时分散收32针，共有76针，编织8行至袖窿。袖窿起减针，两侧同时2-2-4，当织成袖窿算起64行时，两边进行领边减针，2-1-2，至肩部，各余下14针，收针断线。

4. 袖片的编织。袖片从袖口起织，平针起针法，起50针，编织花样A，编织10行后，分散加16针，共66针开始袖身编织，两两边侧缝加针，8-1-9，8行平坦，织80行至袖窿，并进行袖山减针，2-4-2、2-2-11，织成26行，余下24针，收针断线。相同的方法去编织另一袖片。

5. 拼接，将前片的侧缝与后片的侧缝和肩部对应缝合。再将两袖片的袖山边线与衣身的袖窿边对应缝合。

6. 领片的编织，沿着前领边挑72针，后领边挑26针，编织单罗纹针，织10行，收针断线。然后用钩针钩织花样C，按照前片花样C图案，依样钩织，衣服完成。

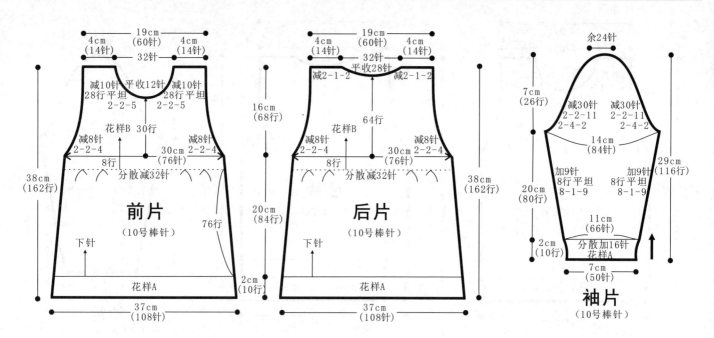

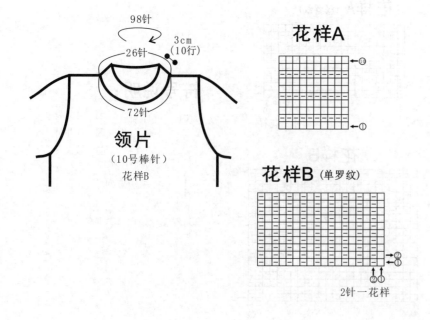

符号说明：

□	上针	☒	左并针
□=I⃣	下针	☑	右并针
		▣	镂空针

2-1-3 　行-针-次

↑ 编织方向

花样C

叶子图解　　　小花图解

〰 中长编3针的玉编结

英伦风V领毛衣

【成品规格】 衣长35cm，胸宽23cm，袖长27cm

【工　　具】 10号棒针

【编织密度】 15针×7行=10cm²

【材　　料】 白色腈纶毛线2000g，红色50g，黑色50g

编织要点：

1.棒针编织法。由前片、后片各1片、袖片2片编织而成。

2.前片的编织。用白色线起单罗纹针法，起80针，起织花样A，不加减针，织14行，下一行起，依照花样B花样不加减针，织50行，改织花样C，织8行后，左右两侧同时减针织成袖隆，平收6针，然后2-1-4，织成14行，同时进行前衣领减针，减针方法为1-1-1、2-1-5、4-1-9，再织4行后至肩部，余下15针，收针断线。

3.后片的编织。用白色线单罗纹起针法，起80针，起织花样A，织14行，下一行起依照花样B编织，不加减针，织50行，改织花样C，织8行后，左右两侧同时减针织成袖隆，平收6针，然后2-1-4，织成60行后，再织片的中间留26针，两侧分别减针织成后领，减针方法为2-1-2，两肩各下余15针，收针断线。将前后片肩部对应缝合。再将衣身侧缝对应缝合。

4.袖片的编织。从袖口起织。用白色线起单罗纹针法，起52针，起织花样A，不加减针，织14行，在最后一行里，分散加针加6针，将针数加成58针，然后下一行起，依照花样D进行编织，并在袖侧缝上进行加针，8-1-7，织18行后，改用白色线织下针，织62行，至袖隆，两侧平收6针，2-2-10，织成22行，余下20针，收针断线。相同的方法去编织另一袖片。再将两袖山边线与衣身的袖隆边线进行对应缝合。再将袖侧缝进行缝合。

5.领片的编织。沿V形领口挑起环形编织。从肩部挑起122针，织花样A，第一行再V形领中心3针并1针收针，方法为每2行收1次，共收4次，织至8行后，收针断线。衣服完成。

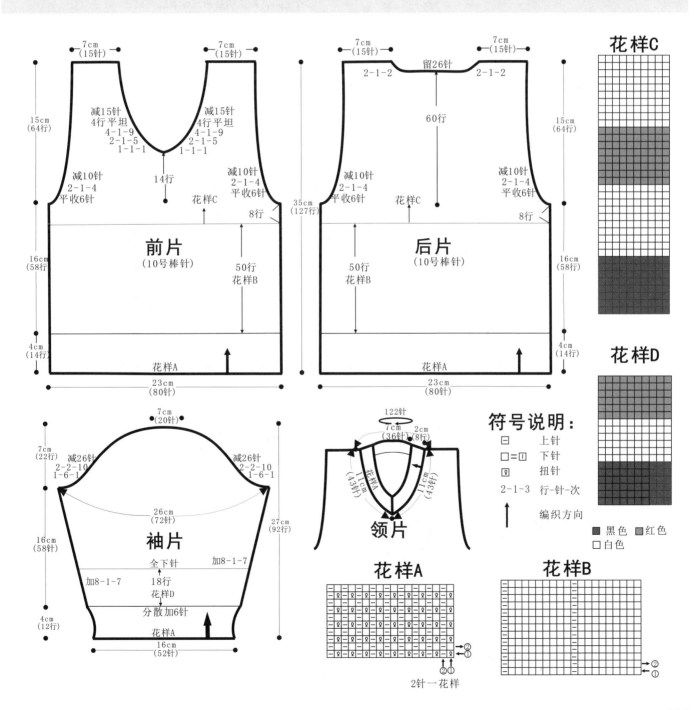

KITTY 图案毛衣

【成品规格】 衣长31cm，胸宽26cm，袖长29cm

【工　具】 8号棒针，10号棒针
缝毛衣针，钩针

【编织密度】 13针×15行=10cm²

【材　料】 橘黄色毛线300g，黑色毛线50g，
蓝色毛线50g，大红色、红色毛线
少许，2枚白色纽扣

编织要点：
1.棒针编织法。由前片、后片各1片，袖片2片编织而成。
2.前片的编织。用橘黄色线起77针单罗纹针法，织花样A，织12行，改黑色线织花样C，织6行，下一行起，织下针，织6行，下一行织42针依照花样D编织，花样D织完，织4行后，织片左右两侧同时减针织成袖窿，平收6针，然后两侧织2针为柱再减针，方法为2-1-20，下一行进行前衣领减针，中间留7针不织，两侧减针方法为1-3-1、2-2-2，2-1-2，最后余1针收针断线。
3.后片的编织。用橘黄色线起77针单罗纹针法，织花样A，织12行，改黑色线织花样C，织6行，下一行起，织下针，不加减针，织至70行，第71行左右两侧同时减针织成袖窿，平收6针，然后两侧织2针为柱再减针，方法为2-1-20，织109行后，织片余25针为后领断线。
4.袖片的编织。从袖口起织。用橘黄色线起48针单罗纹起针法，起织花样A，织12行，在最后一行里，分散加针加10针，将针数加成68针，编织下针，一边织一边两侧同时加针，方法是8-1-10，织至56行，第57行织花样C，织4行，下一行起袖窿减针，两侧减针，方法是平收6针，2-1-20，余下18针，收针断线。相同的方法去编织另一袖片。在右袖片插肩侧挑13针，织单罗纹针，织6行，收针断线。再将右袖与前片缝合留6cm到领口不缝，与后片缝合，左袖与前片和后片缝合，衣身、袖再将衣身、袖侧缝进行缝合。
5.领片的编织。沿领口挑起编织。用橘黄色线从前片分开挑起88针，织花样A，织2行，改黑色毛线，织2行，在起针处留扣眼，再用橘黄色线，织2行，收针断线。在纽扣边织花样E，钉2枚纽扣，最后绣猫胡须。衣服完成。

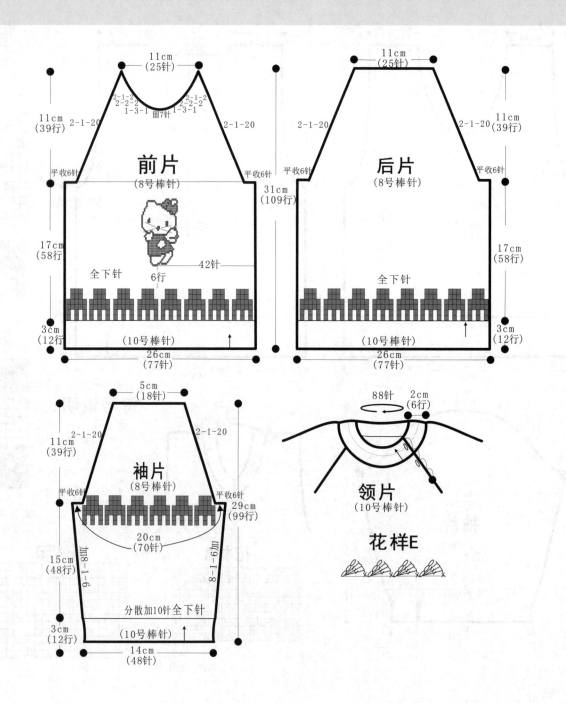

前片（8号棒针）
11cm（25针）
11cm（39行）
2-1-2 2-2-2 1-3-1 留7针
2-1-20
平收6针
31cm（109行）
17cm（58行）
全下针
42针
6行
3cm（12行）
（10号棒针）
26cm（77针）

后片（8号棒针）
11cm（25针）
11cm（39行）
2-1-20
平收6针
17cm（58行）
全下针
3cm（12行）
（10号棒针）
26cm（77针）

袖片（8号棒针）
5cm（18针）
11cm（39行）
2-1-20
平收6针
29cm（99行）
20cm（70针）
加8-1-6
8-1-6加
15cm（48行）
分散加10针全下针
3cm（12行）
（10号棒针）
14cm（48针）

领片（10号棒针）
88针
2cm（6行）

花样E

花样A

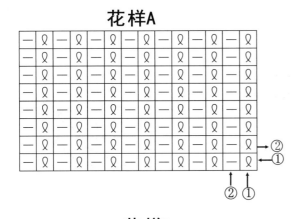

花样B

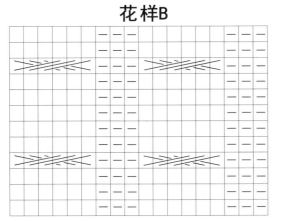

花样C

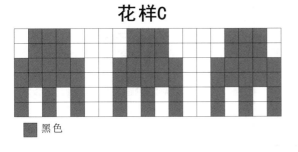

■ 黑色

花样D

■	蓝色
■	大红色
■	黑色
■	红色
□	白色

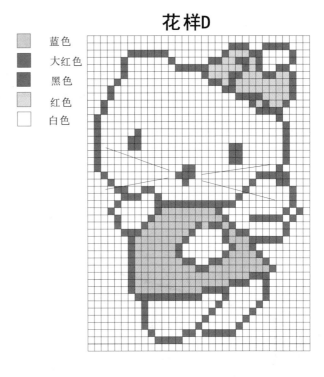

符号说明：

□	上针	│	长针
□=□	下针		
2-1-38	行-针-次	∞	锁针
↑	编织方向	×	短针
□	扭针		
○	扣孔		

左上3针与右下3针交叉

121

灰色麻花套头装

【成品规格】 衣长50cm，衣宽30cm，袖长33.5cm

【工　　具】 8号棒针

【编织密度】 16针×22行＝10cm²

【材　　料】 灰色粗腈纶毛线500g

编织要点：
1. 棒针编织法。由上往下织，身片。
2. 起64针圈织花样A10行。
3. 开始分针，前片26针，后片16针，肩部7×2＝14针，径针4条×2＝8针，总共64针。
4. 衣片全用平针织，织到前片的时候用引退针法织，每来回挑1针3次，挑2针1次，挑3针1次，挑6针1次。每条径每边加够15针。这时后片48针，前片58针，肩部39×2＝78(含4条径的针数)。把两肩部的针先引退不织。把前后片全并起来用环针圈织(如图示在腋下各加8针)，织40行后再改花样A织10行，锁边，前后身片完成。
5. 把原来引退的39针袖片针数挑起，再把身片腋下的8针挑起，共47针，开始按4-1-1，5-1-6，平织6行减针，后开始织10行花样A，锁针。用同样的方法编织另外一只袖片。
6. 用缝衣针把两只袖片缝好。

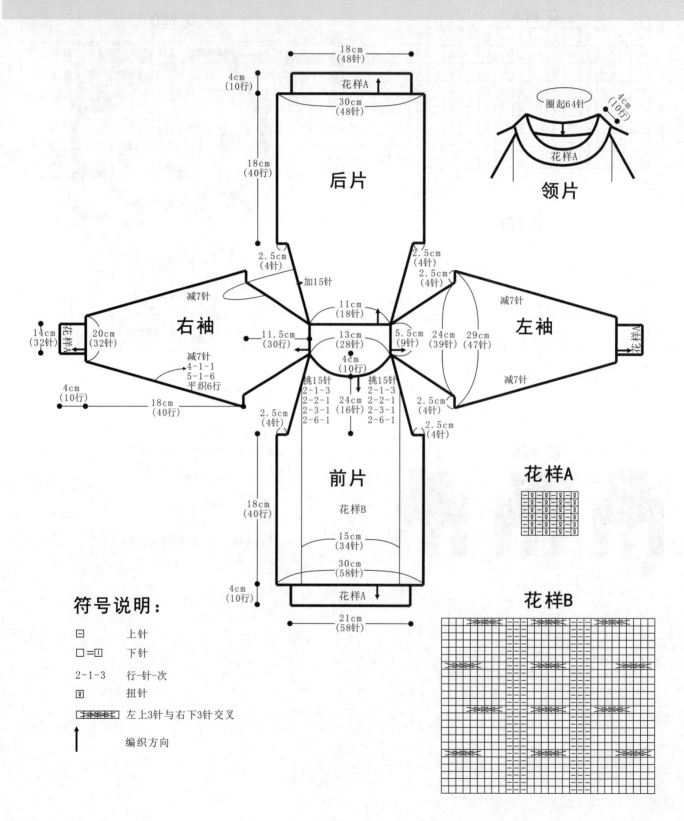

符号说明：

□	上针
□=[I]	下针
2-1-3	行-针-次
[夕]	扭针
	左上3针与右下3针交叉
↑	编织方向

卡哇伊眼睛毛衣

【成品规格】衣长32cm，胸宽29cm，肩宽23cm，袖长27cm

【工　具】10号棒针

【编织密度】20针×26.4行=10cm²

【材　料】红色丝光棉线400g

编织要点：

1. 棒针编织法，由前片1片、后片1片、袖片2片、领片1片组成。从下往上织起。
2. 前片的编织。一片织成。起针，单罗纹起针法，起86针，起织花样A，编织16行后，开始衣身编织。不加减针，编织下针，编织60行至袖隆。袖隆起减针，两侧同时平收4针，2-1-6，当织成袖隆算起34行时，中间平收12针，两边进行领边减针，2-2-5，16行平坦至肩部，各余下17针，收针断线。
3. 后片的编织。一片织成。起针，单罗纹起针法，起86针，起织花样A，编织16行后，开始衣身编织。不加减针，编织下针，编织60行，至袖隆。袖隆起减针，两侧同时平收4针，2-1-6，当织成袖隆算起56行时，中间平收28针，两边进行领边减针，2-2-2，至肩部，各余下17针，收针断线。
4. 袖片的编织。一片织成。起针，单罗纹起针法，起40针，起织花样A，编织16行后，分散加16针共有56针，开始袖身编织。编织下针，两边侧缝加针，6-1-10，6行平坦，编织66行至袖隆，并进行袖山减针，平收4针，2-2-15，余下8针，收针断线。相同的方法去编织另一袖片。
5. 拼接，将前片的侧缝与后片的侧缝和肩部对应缝合。再将两袖片的袖山边线与衣身的袖隆边对应缝合。
6. 领片的编织，沿着前领边挑72针，后领边挑40针，编织花样A，织10行，完成后，收针断线。衣服完成。
7. 口袋片的编织，一片织成。起针，平针起针法，起62针，起织花样C，编织28行后，两侧进行袋口减针，两侧同时平收3针，2-1-14，编织28行，余下28针，收针断线。将编织好的口袋片依样缝制在前片中间。衣服完成。

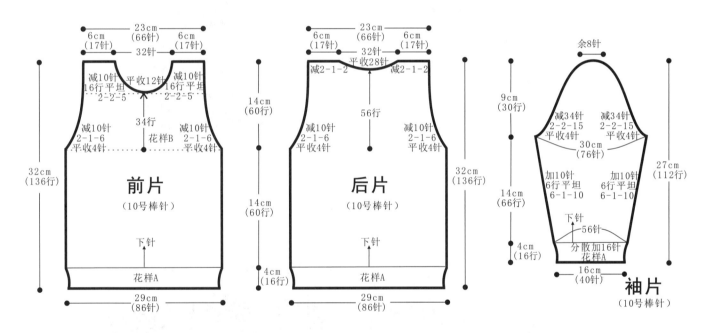

前片
（10号棒针）
23cm（66针）
6cm（17针）　6cm（17针）
32针
减10针　平收12针　减10针
16行平坦　16行平坦
2-2-5　　2-2-5
34行
花样B
减10针　减10针
2-1-6　2-1-6
平收4针　平收4针
14cm（60行）
14cm（60行）
4cm（16行）
32cm（136行）
下针
花样A
29cm（86针）

后片
（10号棒针）
23cm（66针）
6cm（17针）　6cm（17针）
32针
平收28针
减2-1-2　　减2-1-2
56行
减10针　减10针
2-1-6　2-1-6
平收4针　平收4针
32cm（136行）
14cm（60行）
4cm（16行）
下针
花样A
29cm（86针）

袖片
（10号棒针）
余8针
减34针　减34针
2-2-15　2-2-15
平收4针　平收4针
30cm（76针）
9cm（30行）
加10针　加10针
6行平坦　6行平坦
6-1-10　6-1-10
56行
14cm（66行）
4cm（16行）
分散加16针
花样A
27cm（112行）
16cm（40针）

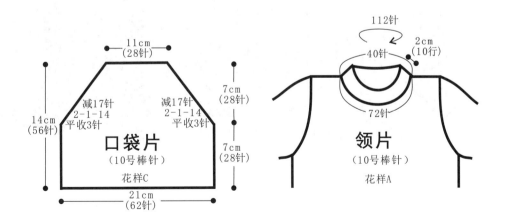

口袋片
（10号棒针）
11cm（28针）
减17针　减17针
2-1-14　2-1-14
平收3针　平收3针
14cm（56行）
7cm（28针）
7cm（28针）
花样C
21cm（62针）

领片
（10号棒针）
112针
2cm（10行）
40针
72针
花样A

花样C

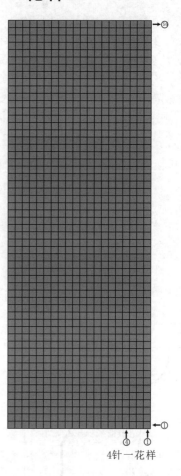

→ㅌㅌ

→①

④ ①
4针一花样

符号说明：

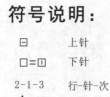

⊟	上针
□=⊡	下针

2-1-3   行-针-次

↑   编织方向

花样A (双罗纹)

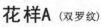

→②
→①

④ ①
4针一花样

花样B

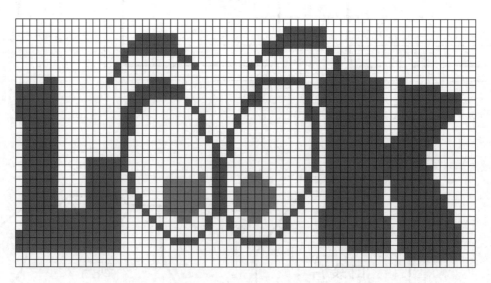

小鱼儿套头装

【成品规格】 衣长33cm，胸宽30cm，
肩宽25cm，袖长27cm

【工　　具】 10号棒针

【编织密度】 20针×26.4行=10cm²

【材　　料】 深天蓝色丝光棉线250g，
浅蓝色线100g，黄色30g

编织要点：

1.棒针编织法，由前片1片、后片1片、袖片2片、领片1片组成。从下往上织起。
2.前片的编织。一片织成。起针，平针起针法，用深天蓝色线起86针，起织花样A，编织16行后，起织花样C，不加减针，织成26行，换成深天蓝色线编织6行下针，再编织花样B，编织33行至袖窿。袖窿起减针，换成深天蓝色线两侧同时减针2-2-5，当织成袖窿算起32行时，中间平收24针，两边进行领边减针，2-1-5，16行平坦，再织26行，至肩部，各余下16针，收针断线。
3.后片的编织。一片织成。起针，平针起针法，用深天蓝色线起86针，起织花样A，编织16行后，起织花样C，不加减针，织成26行，换成深天蓝色线编织38行下针，至袖窿。袖窿起减针，两侧同时减针2-2-5，当织成袖窿算起54行时，两边进行领边减针，2-1-2，至肩部，各余下16针，收针断线。
4.袖片的编织。袖片从袖口织起，平针起针法，用深天蓝色线起40针，编织花样A，编织14行后，分散加18针，共58针开始袖身编织，换成淡天蓝色线编织26行后，再换成深天蓝色线编织，同时两边侧缝加针，6-1-9，8行平坦，织36行至袖窿，并进行袖山减针，1-1-30，织成30行，余下16针，收针断线。相同的方法去编织另一袖片。
5.拼接，将前片的侧缝与后片的侧缝和肩部对应缝合。再将两袖片的袖山边线与衣身的袖窿边对应缝合。
6.领片的编织，用淡天蓝色线沿着前领边挑68针，后领边挑36针，编织花样A，织8行，换成深天蓝色线编织2行收针断线。衣服完成。

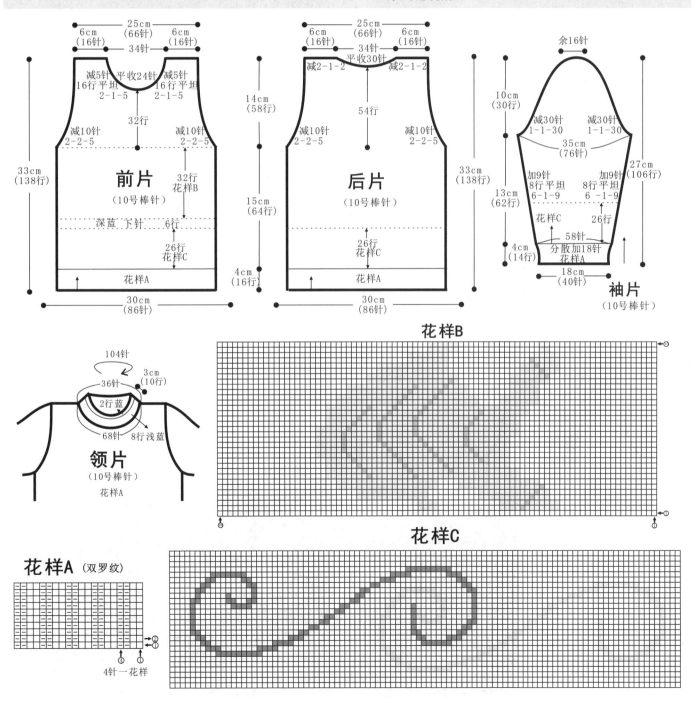

前片
（10号棒针）

25cm（66针）
6cm（16针）　6cm（16针）
34针
减5针 平收24针 减5针
16行平坦　16行平坦
2-1-5　　2-1-5
32行
减10针　　减10针
2-2-5　　2-2-5
32行 花样B
深蓝 下针　6行
26行 花样C
33cm（138行）
30cm（86针）
花样A

后片
（10号棒针）

25cm（66针）
6cm（16针）　6cm（16针）
34针
平收30针
减2-1-2　　减2-1-2
54行
14cm（58行）
减10针　　减10针
2-2-5　　2-2-5
15cm（64行）
26行 花样C
33cm（138行）
4cm（16行）
30cm（86针）
花样A

袖片
（10号棒针）

余16针
10cm（30行）
减30针　减30针
1-1-30　1-1-30
35cm（76针）
加9针　加9针
8行平坦　8行平坦
6-1-9　6-1-9
27cm（106行）
13cm（62行）
花样C　26行
58针
分散加18针 花样A
4cm（14行）
18cm（40针）

领片
（10号棒针）

104针
3cm（10行）
36针
2行蓝
68针　8行浅蓝
花样A

花样A（双罗纹）

4针一花样

花样B

花样C

125

配色图案毛衣

【成品规格】衣长33cm，胸宽29cm，
　　　　　　肩宽26cm，袖长27cm

【工　　具】10号棒针

【编织密度】20针×26.4行=10cm²

【材　　料】黄线丝光棉线200g，
　　　　　　其他颜色各50g

编织要点：

1.棒针编织法，由前片1片、后片1片、袖片2片、领片1片组成。从下往上织起。

2.前片的编织。一片织成。起针，平针起针法，用蓝色线起92针，起织花样A，编织2行，换成黄色线编织14行，不加减针，编织衣身，换成蓝色线编织花样B，编织26行，换成黄色线编织下针，编织40行至袖隆。袖隆起减针，两侧同时平收6针，2-1-6，当织成袖隆算起30行时，中间平收10针，两边进行领边减针，2-2-6，12行平坦，至肩部，各余下17针，收针断线。

3.后片的编织。一片织成。起针，平针起针法，用紫色线起92针，起织花样A，编织2行，换成黄色线编织14行，不加减针，编织衣身，换成紫色线编织花样B，编织26行，换成黄色线编织下针，编织40行至袖隆。袖隆起减针，两侧同时平收6针，2-1-6，当织成袖隆算起50行时，两边进行领边减针，2-1-2，至肩部，各余下17针，收针断线。

4.袖片的编织。袖片从袖口起织，一片织成。起针，平针起针法，用蓝色线起48针，起织花样A，编织2行，换成黄色线编织14行，分散加12针，共60针开始袖身编织，换成紫色线编织30行后，再换成黄色线编织下针，同时两边侧缝加针，6-1-10，4行平坦，织34行至袖隆，并进行袖山减针，平收6针，2-2-15，织成30行，余下8针，收针断线。相同的方法去编织另一袖片。

5.拼接，将前片的侧缝与后片的侧缝和肩部对应缝合。再将两袖片的袖山边线与衣身的袖隆边对应缝合。

6.领片的编织，用紫色线沿着前领边挑68针，后领边挑47针，编织花样A，编织2行，换成黄色线编织14行，收针断线。衣服完成。

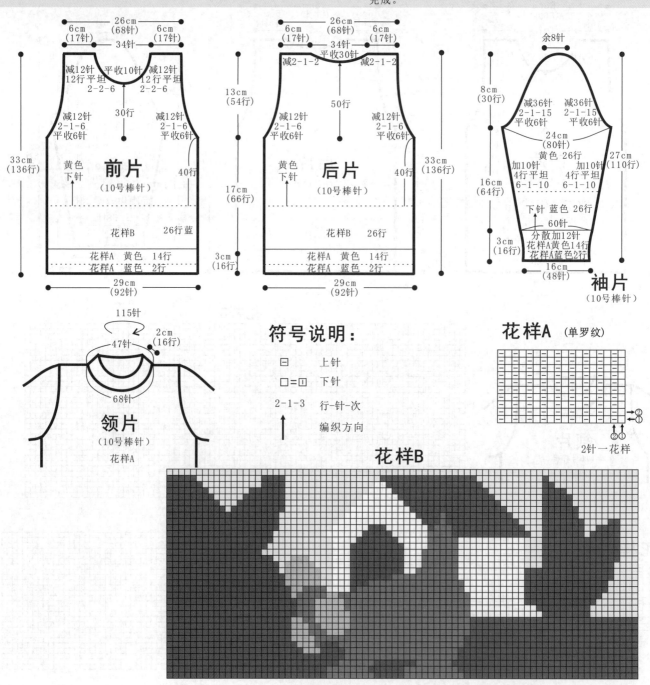

前片 （10号棒针）

26cm（68针）
6cm（17针）　6cm（17针）
34针
减12针　平收10针　减12针
12行平坦　　　　　12行平坦
2-2-6　　　30行　　2-2-6
减12针　　　　　　减12针
2-1-6　　　　　　2-1-6
平收6针　　　　　平收6针
黄色下针　　　　　40行
33cm（136行）
花样B　26行蓝
花样A 黄色 14行
花样A 蓝色 2行
29cm（92针）

后片 （10号棒针）

26cm（68针）
6cm（17针）　6cm（17针）
34针
减2-1-2　平收30针　减2-1-2
50行
13cm（54行）
减12针　　　　　　减12针
2-1-6　　　　　　2-1-6
平收6针　　　　　平收6针
黄色下针　　　　　40行
17cm（66行）
33cm（136行）
花样B　26行
花样A 黄色 14行
花样A 蓝色 2行
3cm（16行）
29cm（92针）

袖片 （10号棒针）

余8针
8cm（30行）
减36针　减36针
2-1-15　2-1-15
平收6针　平收6针
24cm（80针）
黄色 26行
加10针　加10针
4行平坦　4行平坦
6-1-10　6-1-10
16cm（64行）
27cm（110行）
下针 蓝色 26行
60针
3cm（16行）
分散加12针
花样A黄色14行
花样A蓝色2行
16cm（48针）

领片 （10号棒针）
花样A

115针
47针
2cm（16行）
68针

符号说明：

□ 上针

□=☑ 下针

2-1-3　行-针-次

↑ 编织方向

花样A （单罗纹）

2针一花样

花样B

玫红色修身长袖装

【成品规格】 衣长44cm，衣宽27cm，
袖长23cm

【工　　具】 10号棒针

【编织密度】 34.4针×38行=10cm²

【材　　料】 红色粗腈纶毛线500g

编织要点：

1.棒针编织法。由下往上织，先编织衣身，再编织袖片，最后织领片。

2.下针起针法。起93针，起织花样A单罗纹针，不加减针，织14行的高度，下一行起，分配花样，两侧各选24针织下针，中间45针编织花样B，照此分配，不加减针，织100行的高度后，至袖窿，袖窿起减针，两侧同时收针4针，并做插肩缝减针，2-1-25，当织成30行的高度时，下一行中间选3针收针，将织片分成两半各自编织，开襟不加减针织6行的高度后，下一行起进行前衣领边减针，2-2-8，与插肩缝减针同时进行，最后余下1针，收针断线。后片的编织。起针与前片相同，织花样A14行后，下一行起全织下针，织100行至袖窿，袖窿起减针，两侧减针方法与前片相同，织成50行后，将所有的针数收针断线。

3.袖片的编织。单罗纹起针法，起51针，不加减针，织花样A，织14行，下一行起，分配花样，两侧各选24针织下针，中间7针织花样C，并在袖侧缝上加针编织，8-1-12，织成96行，至袖窿减针，两侧同时收针4针，然后2-1-25，织成50行后，余下17针，收针断线。相同的方法去编织另一只袖片。

4.缝合。将袖片的袖窿边线分别与前后片的袖窿边线对应缝合。再将袖侧缝对应缝合，再将前后片的侧缝对应缝合。

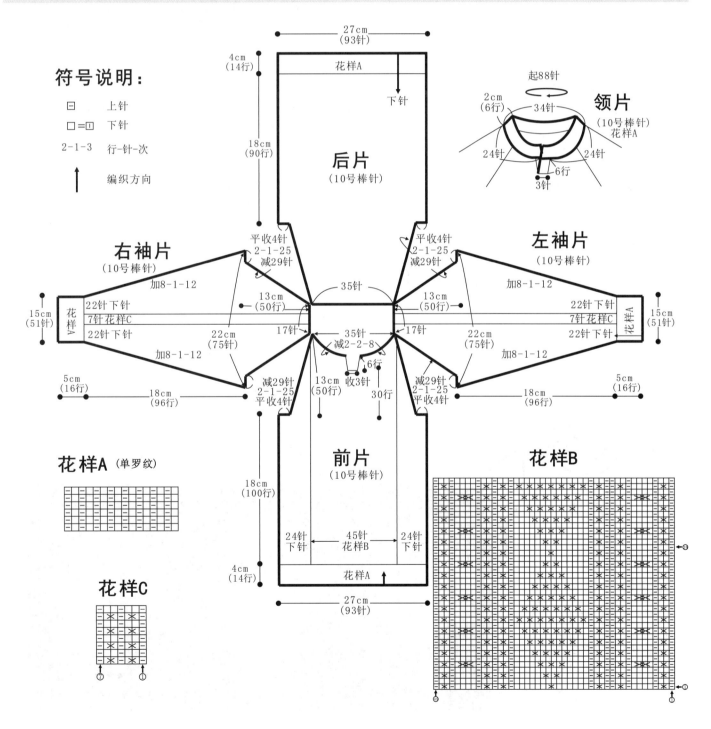

符号说明：

□ 上针

□=□ 下针

2-1-3 行-针-次

↑ 编织方向

右袖片
(10号棒针)

左袖片
(10号棒针)

后片
(10号棒针)

前片
(10号棒针)

领片

花样A (单罗纹)

花样C

花样B

几何图案毛衣

【成品规格】 衣长36cm，胸宽30cm，肩宽28cm，袖长30cm

【工　　具】 10号棒针

【编织密度】 20针×26.4行=10cm²

【材　　料】 灰色、黑色丝光棉线400g

编织要点：

1.棒针编织法，由前片1片、后片1片、袖片2片、领片1片组成。从下往上织起。

2.前片的编织。一片织成。起针，单罗纹起针法，用黑色线起90针，起织花样A，编织10行后，开始衣身编织。不加减针，编织下针，将90针平均分为5份，每份18针，颜色依次为黑色线、灰色线、黑色线、灰色线、黑色线，编织50行后，换成灰色线编织4行，然后再编织花样B，编织8行至袖窿。袖窿起减针，两侧同时2-1-5，当织成袖窿算起30行时，又换成灰色线编织，编织6行后，中间平收8针，两边进行领边减针，2-2-9，10行平坦至肩部，各余下18针，收针断线。

3.后片的编织。一片织成。起针，单罗纹起针法，用黑色线起90针，起织花样A，编织10行后，开始衣身编织。不加减针，编织下针，换灰色线编织12行后，换黑色线编织12行，再换灰色线编织12行后，换黑色线编织12行，换成灰色线，编织14行至袖窿。袖窿起减针，两侧同时2-1-5，当织成袖窿算起50行时，中间平收40针，两边进行领边减针，2-2-2，至肩部，各余下18针，收针断线。

4.袖片的编织。一片织成。起针，单罗纹起针法，用黑色线起40针，起织花样A，编织10行后，开始袖身编织。两边侧缝加针，12-1-6，编织下针，换灰色线编织12行后，换黑色线编织12行，再换灰色线编织12行后，换黑色线编织12行，换成灰色线，编织24行至袖窿，并进行袖山减针，2-2-11，余下28针，收针断线。相同的方法去编织另一袖片。

5.拼接，将前片的侧缝与后片的侧缝和肩部对应缝合。再将两袖片的袖山边线与衣身的袖窿边对应缝合。

6.领片的编织，用黑色线沿着前领边挑66针，后领边挑42针，编织花样A，织10行，完成后，收针断线。衣服完成。

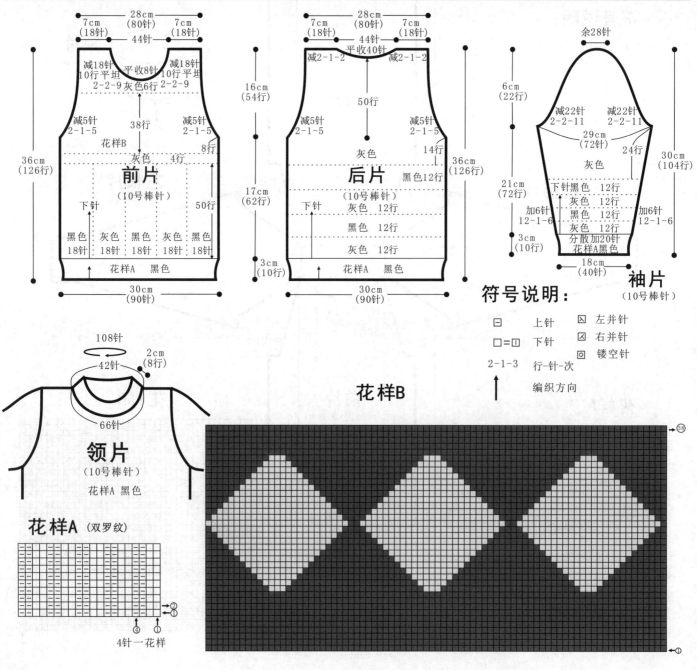

前片 (10号棒针)

28cm（80针）
7cm（18针）　7cm（18针）
44针
减18针 平收8针 减18针
10行平坦　　　10行平坦
2-2-9 灰色6行 2-2-9
减5针 2-1-5　38行　减5针 2-1-5
花样B　8行
灰色　4行
36cm（126行）
下针　50行
黑色18针｜灰色18针｜黑色18针｜灰色18针｜黑色18针
花样A　黑色
30cm（90针）

后片 (10号棒针)

28cm（80针）
7cm（18针）　7cm（18针）
44针
平收40针
减2-1-2　　减2-1-2
16cm（54行）
减5针 2-1-5　50行　减5针 2-1-5
14行
灰色
17cm（62行）
36cm（126行）
下针　黑色12行
灰色　12行
黑色　12行
灰色　12行
3cm（10行）
花样A　黑色
30cm（90针）

袖片 (10号棒针)

余28针
6cm（22行）
减22针 2-2-11　减22针 2-2-11
29cm（72针）　24行
灰色
21cm（72行）　30cm（104行）
下针黑色　12行
灰色　12行
加6针 黑色　12行 加6针
12-1-6 灰色　12行 12-1-6
3cm（10行）　分散加20针
花样A黑色
18针（40针）

领片 (10号棒针)
花样A 黑色

108针
42针
2cm（8行）
66针

符号说明：

□ 上针　　　☒ 左并针
□=□ 下针　　☒ 右并针
2-1-3 行-针-次　回 镂空针
↑ 编织方向

花样B

花样A (双罗纹)
4针一花样

经典配色毛衣

【成品规格】 衣长33cm，衣宽30cm，袖长27cm

【工　具】 10号棒针

【编织密度】 28针×42行=10cm²

【材　料】 灰色腈纶毛线400g，蓝色腈纶线50g，黄色30g，白色线10g，绿色线20g

编织要点：

1. 棒针编织法：由前片、后片、袖片和领片组成。
2. 前片的编织：双罗纹起针法，用蓝色线起84针织4行花样A（双罗纹）再换灰色线织12行后继续用灰色线织平针4行，然后按花样B织花。平针织到第64行时开始减针，平收4针按2-1-5的方法收袖窝。继续平针花样B，在第96行开始按平收6针，2-3-1、2-2-2，2-1-4的方法分左右两片收领窝。
3. 后片的编织：双罗纹起针法，用蓝色线起84针织4行花样A（双罗纹）再换灰色线织12行后继续用灰色线织平针。平针织到第64行时开始减针，平收4针按2-1-5的方法收袖窝。继续平针，在第116行开始按平收15针，2-1-2的方法编织。
4. 袖隆圈的编织：平针起针法，用灰色线起34针，按12-1-12，2-2-1、2-3-1，平加4针的方法收袖隆窝，然后按平织6行，6-1-9，平织8行的方法减针，（中间按图示换线即可），再用灰色线继续织12行花样A，再换蓝色线织4行收针。样A，换白色线织2行，再用蓝色线织3行。
5. 用缝衣针把前后身片和袖片缝缝合起来。
6. 领片的编织。沿领圈挑112针织花样A（灰色线12行，蓝色线4行）。收针。

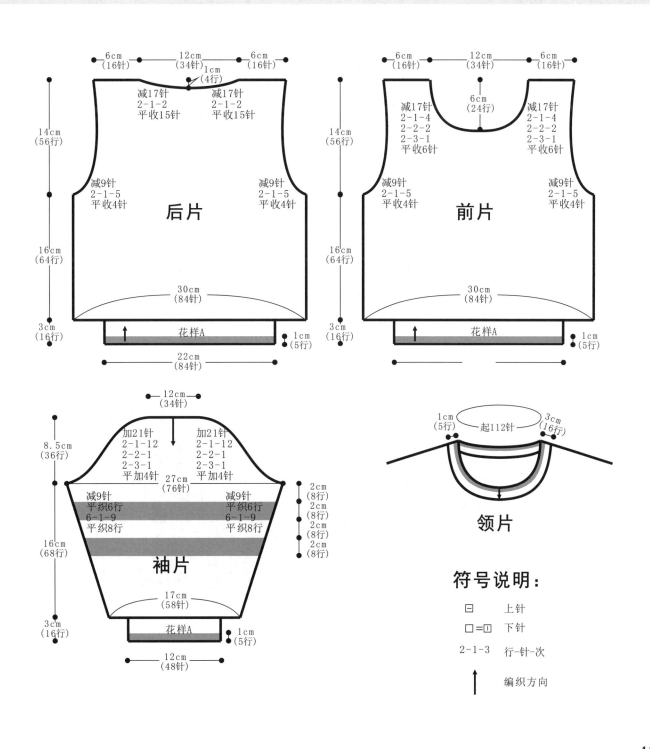

后片

6cm（16针）　12cm（34针）　6cm（16针）

1cm（4行）

减17针 2-1-2 平收15针　减17针 2-1-2 平收15针

14cm（56行）

减9针 2-1-5 平收4针　减9针 2-1-5 平收4针

16cm（64行）

30cm（84针）

3cm（16行）

花样A

1cm（5行）

22cm（84针）

前片

6cm（16针）　12cm（34针）　6cm（16针）

6cm（24行）

减17针 2-1-4 2-2-2 2-3-1 平收6针　减17针 2-1-4 2-2-2 2-3-1 平收6针

14cm（56行）

减9针 2-1-5 平收4针　减9针 2-1-5 平收4针

16cm（64行）

30cm（84针）

3cm（16行）

花样A

1cm（5行）

袖片

12cm（34针）

8.5cm（36行）

加21针 2-1-12 2-2-1 2-3-1 平加4针　加21针 2-1-12 2-2-1 2-3-1 平加4针

27cm（76针）

减9针 平织6行 6-1-9 平织8行　减9针 平织6行 6-1-9 平织8行

2cm（8行）
2cm（8行）
2cm（8行）
2cm（8行）

16cm（68行）

17cm（58针）

3cm（16行）

花样A

1cm（5行）

12cm（48针）

领片

1cm（5行）　起112针　3cm（16行）

符号说明：

□　上针

□=① 下针

2-1-3　行-针-次

↑　编织方向

129

花样A （单罗纹）

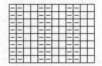

花样B

菱形花样毛衣

【成品规格】 衣长36cm，胸宽29cm
肩宽28cm，袖长35cm

【工　　具】 10号棒针

【编织密度】 20针×26.4行=10cm²

【材　　料】 黑线丝光棉线400g，
其他颜色线若干

编织要点：

1. 棒针编织法，由前片1片、后片1片、袖片2片、领片1片组成。从下往上织起。

2. 前片的编织。一片织成。起针，平针起针法，起140针，起织花样A，编织34行后，起织花样B，不加减针，织成36行，编织80行下针，再编织花样C，编织26行至袖隆。袖隆起减针，两侧同时平收6针，4-2-5，当织成袖隆算起20行时，织完花样C，编织下针，编织44行，中间平收26针，两边进行领边减针，2-1-15，10行平坦，再织40行后，至肩部，各余下26针，收针断线。

3. 后片的编织。一片织成。起针，平针起针法，起140针，起织花样A，编织34行后，编织下针，不加减针，织成142行，至袖隆。袖隆起减针，两侧同时平收6针，4-2-5，当织成袖隆算起100行时，两边进行领边减针，2-1-2，至肩部，各余下16针，收针断线。

4. 袖片的编织。袖片从袖口起织，平针起针法，起72针，编织花样A，编织34行后，开始袖身编织，编织下针，两边侧缝加针，10-1-10，10行平坦，织110行至袖隆，并进行袖山减针，平收6针，4-2-12，织成48行，余下32针，收针断线。相同的方法去编织另一袖片。

5. 拼接，将前片的侧缝与后片的侧缝和肩部对应缝合。再将两袖片的袖山边线与衣身的袖隆边对应缝合。

6. 领片的编织，沿着前领边挑176针，后领边挑104针，编织花样A，织20行，收针断线。衣服完成。

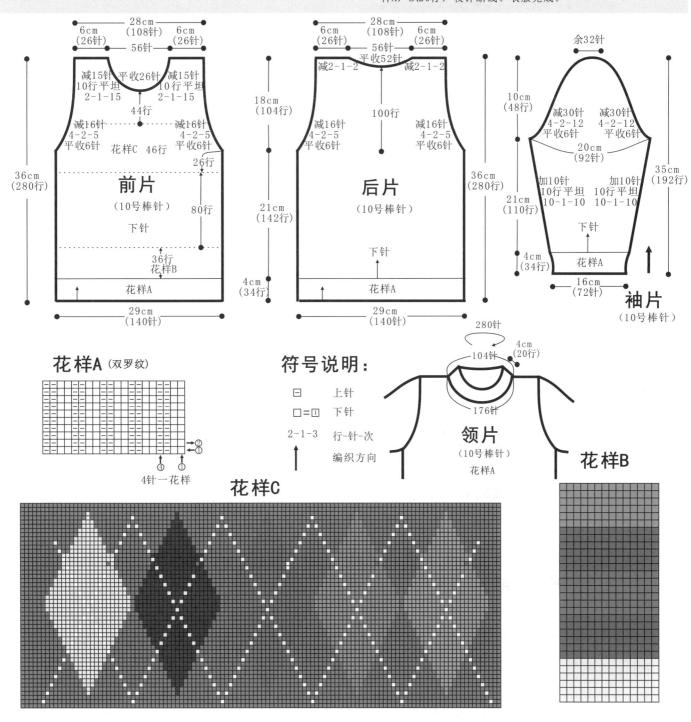

前片（10号棒针）

28cm（108针）
6cm（26针）　56针　6cm（26针）
减15针 平收26针 减15针
10行平坦　　　10行平坦
2-1-15　　　　2-1-15
44行
减16针　　减16针
4-2-5　　　4-2-5
平收6针　花样C 46行　平收6针
26行
80行
36cm（280行）
下针
36行
花样B
花样A
29cm（140针）

后片（10号棒针）

28cm（108针）
6cm（26针）　56针　6cm（26针）
平收52针
减2-1-2　　　减2-1-2
100行
减16针　　减16针
4-2-5　　　4-2-5
平收6针　　平收6针
18cm（104行）
36cm（280行）
21cm（142行）
下针
4cm（34行）
花样A
29cm（140针）

袖片（10号棒针）

余32针
减30针　　减30针
4-2-12　　4-2-12
平收6针　　平收6针
20cm（92针）
加10针　　加10针
10行平坦　10行平坦
10-1-10　10-1-10
10cm（48行）
21cm（110行）
35cm（192行）
下针
4cm（34行）
花样A
16cm（72针）

领片（10号棒针）花样A

280针
104针
4cm（20行）
176针

花样A（双罗纹）

② ←
① →
④ ①
4针一花样

符号说明：

□ 上针
□=① 下针
2-1-3 行-针-次
↑ 编织方向

花样C

花样B

灰色高领毛衣

【成品规格】 衣长39cm，胸宽24cm，
肩宽16cm，袖长37cm

【工　　具】 10号棒针

【编织密度】 24.5针×34行=10cm²

【材　　料】 灰色丝光棉线400g

编织要点：

1. 棒针编织法，由前片1片、后片1片、袖片2片、领片1片组成。从下往上织起。
2. 前片的编织。一片织成。双罗纹起针法，起针74针，编织花样A，编织16行后，中间44针编织花样B，两侧各余15针编织下针，编织68行至袖窿，两侧同时袖窿减针，平收6针，2-1-16，在织成袖窿起编织32行，全部收完针数，收针断线。
3. 后片的编织。一片织成。双罗纹起针法，起针74针，编织花样A，编织16行后，编织下针，编织68行至袖窿，两侧同时袖窿减针，平收6针，2-1-16，在织成袖窿起编织32行，全部收完针数，收针断线。
4. 袖片的编织。一片织成。双罗纹起针法，起针40针，编织花样A，编织14行后，编织下针，两侧进行袖身加针，6-1-10，6行平坦。编织66行，至袖窿，两侧同时平收6针，2-1-16，编织32行。余16针，收针断线，相同的方法去编织另一袖片。
5. 拼接，将前片的侧缝与后片的侧缝对应缝合。再将两袖片的袖山边线与衣身的袖窿边对应缝合。
6. 领片的编织，沿着前，后领边各挑42针，共有92针，编织花样A，织46行，收针断线。衣服完成。

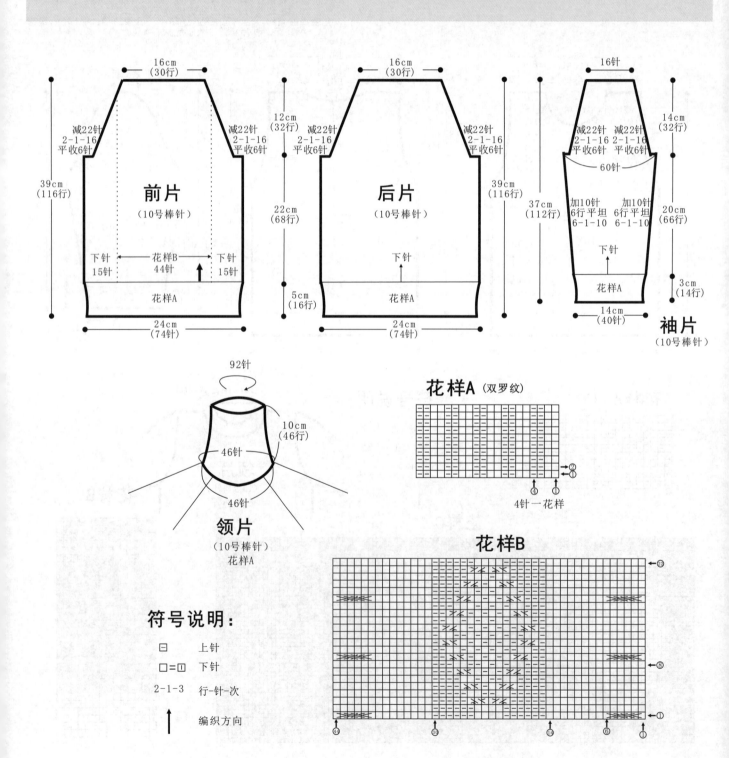

符号说明：

| □ | 上针 |
| □=□ | 下针 |

2-1-3　行-针-次

↑ 编织方向

大红色长袖装

【成品规格】 衣长34cm 下摆宽38cm，连肩袖长33cm

【工　　具】 10号棒针

【编织密度】 18针×24行=10cm²

【材　　料】 红色羊毛线400g

编织要点：

1.毛衣用棒针编织，由1片前片、1片后片、2片袖片组成，从下往上编织。

2.先编织前片。

(1)用下针起针法，起68针，织10行单罗纹后，改织花样A，并分散减14针，余54针，侧缝不用加针，织38行至插肩袖隆。

(2)袖隆以上的编织。两边进行袖隆减针，方法是每2行减1减16次，各减16针。

(3)从插肩袖隆算起，织至24行时，在中间平收6针，开始开领窝，两边各减8针，方法是：每2行减2减4次，织至两边肩部全部针数收完。

3.编织后片。

(1)插肩袖隆和袖隆以下的编织方法与前片插肩袖隆一样。整片编织全下针。

(2)从插肩袖算起，织至24行，中间平收6针，领窝减针，方法是每2行减2针减8次，织至两边肩部全部针数收完。

4.编织袖片。用下针起针法，起32针，织10行单罗纹后，分散加8针至38针，两边袖下加针，方法是每6行加1针加6次，织至36行开始插肩减针，方法是每2行减1针减16次，至肩部余18针，同样方法编织另一袖，收针。

5.缝合。将前片的侧缝与后片的侧缝对应缝合。袖片的袖下分别缝合，袖片的插肩部与衣片的插肩部缝合。

6.领圈挑76针，圈织10行单罗纹，形成圆领。编织完成。

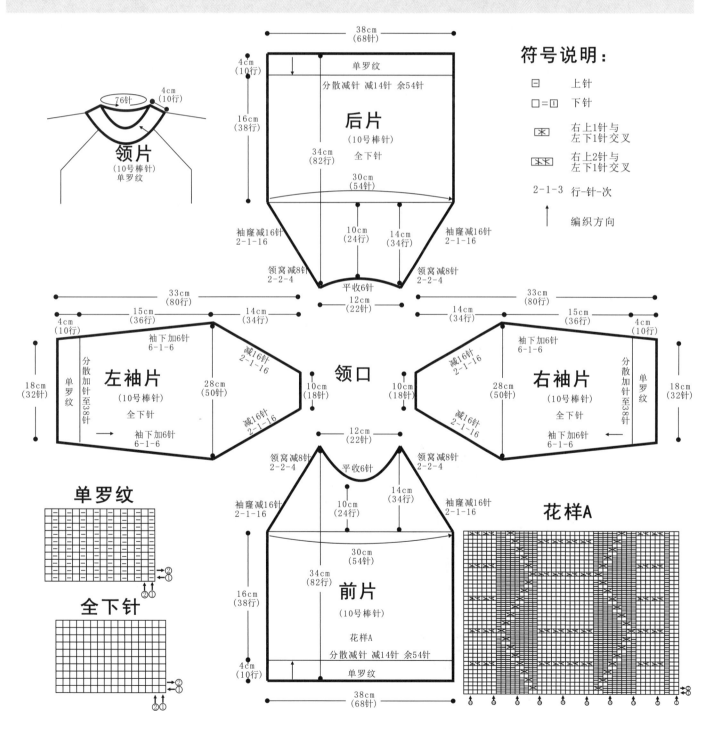

符号说明：

□	上针
□=|	下针
⊠	右上1针与左下1针交叉
⊠⊠	右上2针与左下1针交叉

2-1-3 行-针-次

↑ 编织方向

领片
（10号棒针）
单罗纹
76针　4cm（10行）

后片
（10号棒针）
全下针
38cm（68针）
4cm（10行）　单罗纹
分散减针 减14针 余54针
16cm（38行）
34cm（82行）
30cm（54针）
袖隆减16针 2-1-16
10cm（24行）
14cm（34行）
领窝减8针 2-2-4
平收6针
12cm（22针）

左袖片
（10号棒针）
全下针
33cm（80行）
15cm（36行）　14cm（34行）
4cm（10行）
18cm（32针）
单罗纹
分散加针至38针
袖下加6针 6-1-6
28cm（50针）
减16针 2-1-16

领口
10cm（18针）

右袖片
（10号棒针）
全下针
33cm（80行）
14cm（34行）　15cm（36行）
4cm（10行）
18cm（32针）
单罗纹
分散加针至38针
袖下加6针 6-1-6
28cm（50针）
减16针 2-1-16

前片
（10号棒针）
花样A
分散减针 减14针 余54针
38cm（68针）
4cm（10行）　单罗纹
16cm（38行）
34cm（82行）
30cm（54针）
袖隆减16针 2-1-16
10cm（24行）
14cm（34行）
领窝减8针 2-2-4
平收6针
12cm（22针）

单罗纹

全下针

花样A

NIKE图案毛衣

【成品规格】 衣长38cm, 胸宽30cm,
肩宽25cm, 袖长27cm

【工　　具】 10号棒针

【编织密度】 20针×26.4行=10cm²

【材　　料】 黑色线、白色丝光棉线各250g

编织要点:

1.棒针编织法，由前片1片、后片1片、袖片2片、领片1片组成。从下往上织起。

2.前片的编织。一片织成。起针，平针起针法，用黑色线起86针，起织花样A，编织18行后，起织花样C，不加减针，织成30行，中间54针编织花样B，两边各余16针继续编织花样C，编织36行至袖窿。袖窿起减针，两侧同时平收4针，2-1-6，当织成袖窿算起30行时，中间平收18针，两边进行领边减针，2-1-7，10行平坦，再织24行后，至肩部，各余下17针，收针断线。

3.后片的编织。一片织成。起针，平针起针法，用黑色线起86针，起织花样A，编织18行后，起织花样C，不加减针，编织66行至袖窿。袖窿起减针，两侧同时平收4针，2-1-6，当织成袖窿算起50行时，两边进行领边减针，2-1-2，至肩部，各余下17针，收针断线。

4.袖片的编织。袖片从袖口起针，平针起针法，用黑色线起48针，编织花样A，编织18行后，分散加12针，共60针开始袖身编织，编织花样C，编织18行后，再换成黑色线编织，同时两边侧缝加针，6-1-8，8行平坦，织38行至袖窿，并进行袖山减针，平收4针，2-1-16，织成32针，余下36针，收针断线。相同的方法去编织另一袖片。

5.拼接，将前片的侧缝与后片的侧缝和肩部对应缝合。再将两袖片的袖山边线与衣身的袖窿对应缝合。

6.领片的编织，用黑色线沿着前领边挑68针，后领边挑44针，编织花样A，织10行，收针断线。衣服完成。

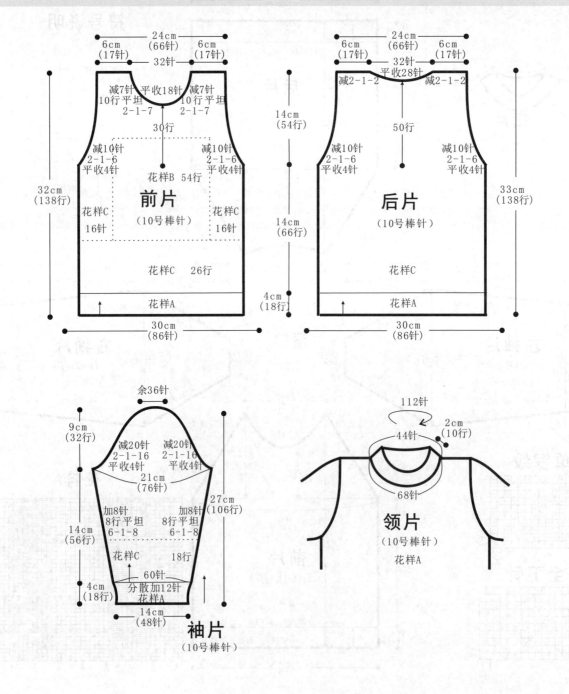

前片（10号棒针）

后片（10号棒针）

袖片（10号棒针）

领片（10号棒针）

花样A (双罗纹)

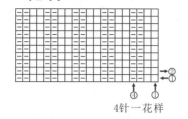

4针一花样

花样C

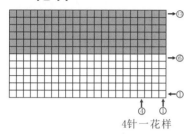

4针一花样

符号说明：

□	上针	⊠	左并针
□=□	下针	⊠	右并针
2-1-3	行-针-次	▣	镂空针
↑	编织方向		

花样B

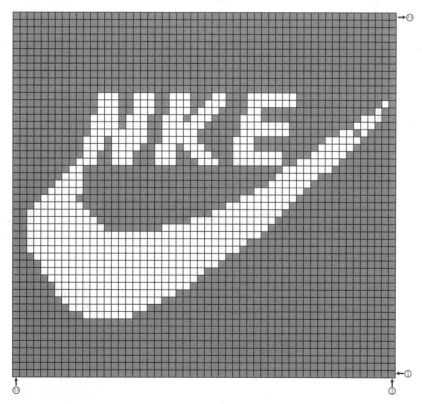

修身打底毛衣

【成品规格】 衣长36cm, 胸宽20cm, 肩宽14cm, 袖长34cm

【工　　具】 10号棒针

【编织密度】 24.5针×34行=10cm²

【材　　料】 灰色丝光棉线400g

编织要点:

1. 棒针编织法, 由前片1片、后片1片、袖片2片、领片1片组成。从上往下织起。

2. 前片的编织。一片织成。平针起针法, 分别起1针, 起织花样C, 向领边左右两侧加针, 2-1-6, 然后平加16针形成领圈, 构成衣身28针, 同时进行袖山加针, 2-1-21, 同时中间16针编织花样B, 两侧余针一直编织花样C, 平加5针为袖窿。此时共有80针, 不加减针, 开始编织衣身, 编织68行后, 编织衣底边, 编织花样A, 编织18行, 收针断线。

3. 后片的编织。一片织成。平针起针法, 起28针, 中间16针编织花样B, 两侧各余6针起织花样C, 进行袖山加针, 2-1-21, 平加5针为袖窿。此时共有80针, 不加减针, 开始编织衣身, 编织68行后, 编织衣底边, 编织花样A, 编织18行, 收针断线。

4. 袖片的编织。一片织成。平针起针法, 起16针, 两侧进行袖山加针, 2-1-21, 同时中间4针编织花样D, 两侧余针一直编织花样C, 平加5针为袖窿。此时共有68针, 开始编织袖身, 进行袖身减针, 6-1-8, 编织48行后, 余52针编织花样A, 编织18行, 收针断线。相同的方法去编织另一袖片。

5. 拼接, 将前片的侧缝与后片的侧缝和肩部对应缝合。再将两袖片的袖山边线与衣身的袖窿边对应缝合。

6. 领片的编织, 沿着左前边、右前边、后领边各挑24针, 24针, 44针, 编织花样A, 织10行, 预留2个扣眼, 相应位置钉上纽扣, 收针断线。衣服完成。

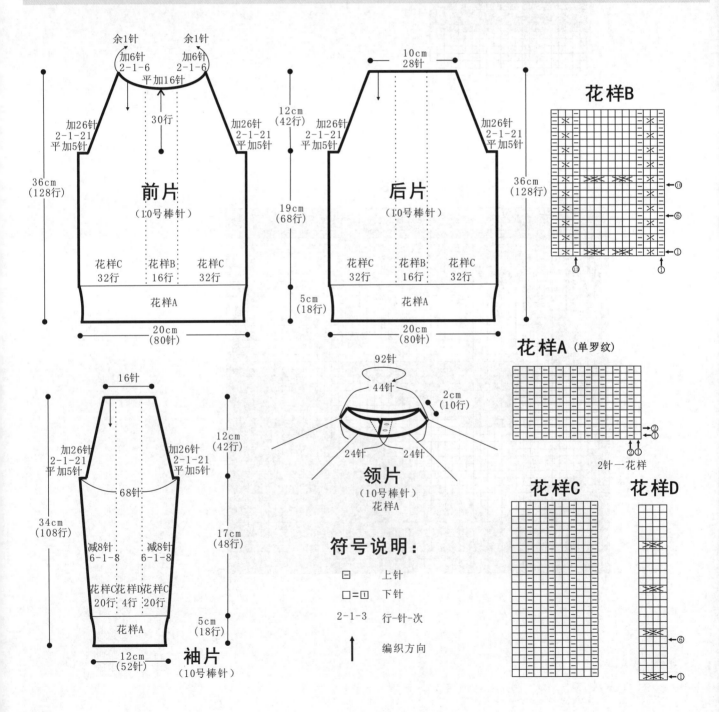

四叶草图案毛衣

【成品规格】 衣长38cm，胸宽28cm，肩宽27cm，袖长28cm

【工　　具】 10号棒针

【编织密度】 20针×26.4行=10cm²

【材　　料】 深紫罗兰线和白色丝光棉线各150g

编织要点：

1. 棒针编织法，由前片1片、后片1片、袖片2片、领片1片组成。从下往上织起。

2. 前片的编织。一片织成。起针，平针起针法，起96针，起织花样A，编织20行后，起织花样B，不加减针，编织64行至袖窿。袖窿起减针，两侧同时平收4针，2-1-7，当织成袖窿算起34行，中间平收12针，两边进行领边减针，2-2-4、2-1-4，8行平坦，再织24行，至肩部，各余下19针收针断线。

3. 后片的编织。一片织成。起针，平针起针法，起96针，起织花样A，编织20行后，编织花样B，不加减针，织成64行，至袖窿。袖窿起减针，两侧同时平收4针，2-1-7，当织成袖窿算起54行时，两边进行领边减针，2-1-2，至肩部，各余下19针，收针断线。

4. 袖片的编织。袖片从袖口起织，平针起针法，起44针，编织花样A，编织14行后，分散加32针，开始袖身编织，编织下针花样B，两侧缝加针，10-1-6，8行平坦，织68行至袖窿。并进行袖山减针，平收4针，2-4-8，织成16行，余下16针，收针断线。相同的方法去编织另一袖片。

5. 拼接，将前片的侧缝与后片的侧缝和肩部对应缝合。再将两袖片的袖山边线与衣身的袖窿边对应缝合。

6. 领片的编织，沿着前领边挑62针，后领边挑48针，编织花样A，织28行对折为14行，和原来的针数合并，收针断线。衣服完成。

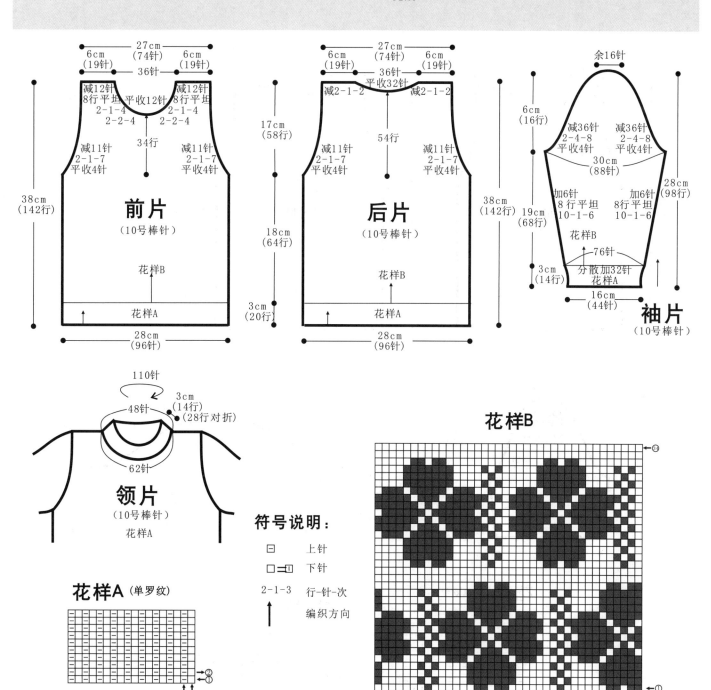

前片
（10号棒针）

后片
（10号棒针）

袖片
（10号棒针）

领片
（10号棒针）
花样A

符号说明：

□ 上针

□=□ 下针

2-1-3 　行-针-次

↑ 　编织方向

花样A（单罗纹）

2针一花样

花样B

粉色中袖装

【成品规格】 衣长40cm，胸宽24cm，
肩宽20cm，袖长22cm

【工　　具】 10号棒针

【编织密度】 20针×26.4行=10cm²

【材　　料】 桃粉色丝光棉线300g，
白色线若干

1.棒针编织法，由前片1片、后片1片、袖片2片、领片1片组成。从下往上织起。
2.前片的编织。一片织成。起针，平针起针法，起73针，起织花样B，不加减针，编织74行至袖窿。袖窿起减针，两侧同时平收3针，2-2-3，当织成袖窿算起22行，中间平收15针，两边进行领边减针，2-1-9，2行平坦，再织20行后，至肩部，各余下11针，收针断线。
3.后片的编织。一片织成。起针，平针起针法，起73针，编织花样B，不加减针，织成74行，至袖窿。袖窿起减针，两侧同时平收3针，2-2-3，当织成袖窿算起38行时，中间平收29针，两边进行领边减针，2-1-2，至肩部，各余下11针，收针断线。
4.袖片的编织。袖片从袖口起织，平针起针法，起36针，编织花样A，编织14行后，分散加20针，开始袖身编织，编织花样B，不加减针，织12行至袖窿，并进行袖山减针，平收3针，2-2-3，织成32行，余下38针，收针断线。相同的方法去编织另一袖片。
5.拼接，将前片的侧缝与后片的侧缝和肩部对应缝合。再将两袖片的袖山中间部分收皱褶边线与衣身的袖窿边对应缝合。
6.领片的编织，沿着前领边挑62针，后领边挑48针，编织下针，编织14行后，编织花样A，编织6行，同时进行收边，2-10-3，余68针，收针断线。衣服完成。

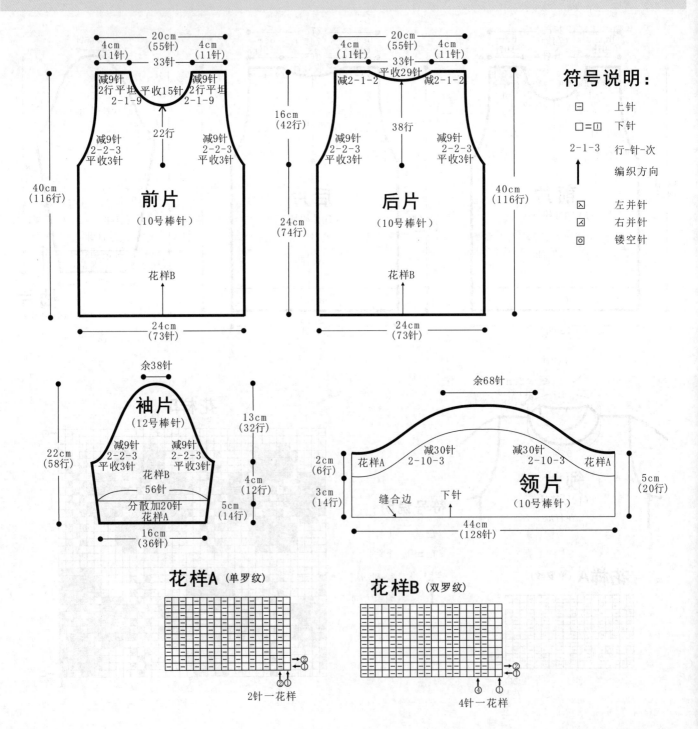

符号说明：

□	上针
□=Ⅰ	下针
2-1-3	行-针-次
↑	编织方向
⊠	左并针
⊠	右并针
⊡	镂空针

前片（10号棒针）
后片（10号棒针）
袖片（12号棒针）
领片（10号棒针）

花样A（单罗纹） 2针一花样

花样B（双罗纹） 4针一花样

简约韩版系带毛衣

【成品规格】 衣长37cm，胸宽38cm，肩宽24cm，袖长25cm

【工　　具】 10号棒针

【编织密度】 20针×26.4行=10cm²

【材　　料】 白色丝光棉线300g，湖蓝色线50g

编织要点：
1. 棒针编织法，由前片1片、后片1片、袖片2片、领片1片组成。从下往上织起。
2. 前片的编织。一片织成。起针，单罗纹起针法，起104针，起织花样A，编织8行后，开始衣身编织。不加减针，编织下针，编织6行后，起织花样B，编织19行后，再编织下针，织成60行至袖窿。袖窿起减针，两侧同时平收6针，2-2-5，当织成袖窿算起40行时，中间平收20针，两边进行领边减针，2-2-3、4-1-4，10行平坦至肩部，各余下16针，收针断线。
3. 后片的编织。一片织成。起针，单罗纹起针法，起104针，起织花样A，编织8行后，开始衣身编织。不加减针，编织下针，编织6行后，起织花样B，编织19行后，再编织下针，织成60行至袖窿。袖窿起减针，两侧同时平收6针，2-2-5，当织成袖窿算起68行时，中间平收36针，两边进行领边减针，2-1-2，至肩部，各余下16针，收针断线。
4. 袖片的编织。袖片从袖口起织，单罗纹起针法，起60针，起织花样A，编织8行后，开始袖身编织。不加减针，编织下针，编织6行后，起织花样B，编织19行后，再编织下针，同时两边侧缝加针，8-1-8，2行平坦，织66行至袖窿。并进行袖山减针，平收6针，2-2-13，余下12针，收针断线。相同的方法去编织另一袖片。
5. 拼接，将前片的侧缝与后片的侧缝和肩部对应缝合。再将两袖片的袖山边线与衣身的袖窿边对应缝合。
6. 领片的编织，沿着前领边挑58针，后领边挑48针，编织花样D，织12行，完成后，收针断线。衣服完成。

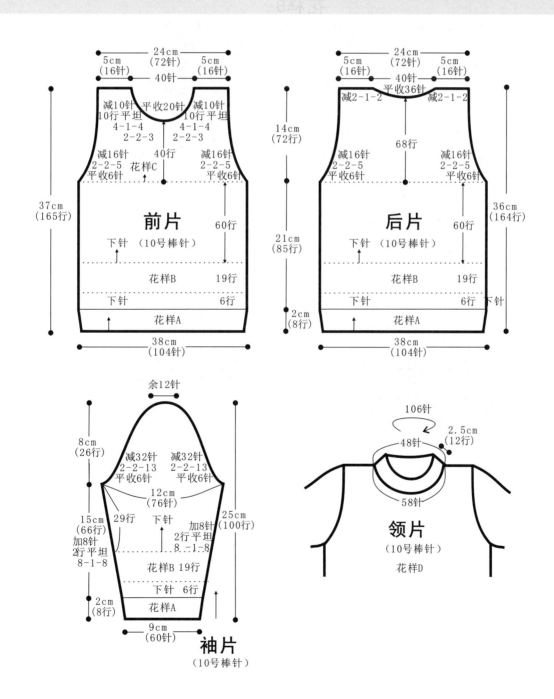

前片

5cm（16针）　24cm（72针）　5cm（16针）
40针
减10针　平收20针　减10针
10行平坦　　10行平坦
4-1-4　　　4-1-4
2-2-3　　　2-2-3
减16针　40行　减16针
2-2-5　花样C　2-2-5
平收6针　　平收6针
37cm（165行）
下针（10号棒针）
60行
花样B　19行
下针　6行
花样A
38cm（104针）

后片

5cm（16针）　24cm（72针）　5cm（16针）
40针
平收36针
减2-1-2　　减2-1-2
68行
减16针　减16针
2-2-5　2-2-5
平收6针　平收6针
36cm（164行）
下针（10号棒针）
60行
花样B　19行
下针　6行　下针
花样A
38cm（104针）

14cm（72行）

21cm（85行）

2cm（8行）

袖片
（10号棒针）

余12针
8cm（26行）
减32针　减32针
2-2-13　2-2-13
平收6针　平收6针
12cm（76针）
15cm（66行）　29行　下针　25cm（100行）
加8针
2行平坦
8-1-8
加8针
2行平坦
8-1-8
花样B 19行
下针　6行
2cm（8行）　花样A
9cm（60针）

领片
（10号棒针）

花样D

106针
2.5cm（12行）
48针
58针

139

花样A

符号说明：

□　上针

□=□　下针

2-1-3　行-针-次

↑　编织方向

☒　左并针

☒　右并针

☑　镂空针

花样B

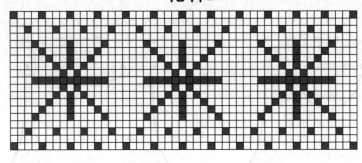

花样C

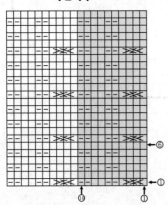

花样D (单罗纹)

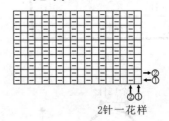

2针一花样

灰色圆领套头装

【成品规格】 衣长30cm，胸宽32cm，肩宽24cm，袖长30cm

【工　　具】 10号棒针

【编织密度】 20针×26.4行=10cm²

【材　　料】 灰色丝光棉线300g

编织要点：

1.棒针编织法，由前片1片、后片1片、袖片2片、领片1片组成。从下往上织起。

2.前片的编织。一片织成。起针，单罗纹起针法，起96针，起织花样A，编织16行后，开始衣身编织。不加减针，将96针分为3份，中间48针编织花样B，两侧各余24编织下针，编织68行至袖窿。袖窿起减针，两侧同时平收5针，2-1-6，当织成袖窿算起12行时，中间平收32针，两边进行领边减针，2-2-5、2-1-5，10行平坦至肩部，各余下6针，收针断线。

3.后片的编织。一片织成。起针，单罗纹起针法，起96针，起织花样A，编织16行后，开始衣身编织。不加减针，编织下针，编织68行后，至袖窿。袖窿起减针，两边同时平收5针，2-1-6，当织成袖窿算起38时，中间平收58针，两边进行领边减针，2-1-2，至肩部，各余下6针，收针断线。

4.袖片的编织。一片织成。起针，单罗纹起针法，起50针，起织花样A，编织16行后，分散加10针共有60针，开始袖身编织。编织下针，两边侧缝加针，8-1-6，4行平坦，编织52行至袖窿，并进行袖山减针，平收5针，2-2-12，余下14针，收针断线。相同的方法去编织另一袖片。

5.拼接。将前片的侧缝与后片的侧缝和肩部对应缝合。再将两袖片的袖山边线与衣身的袖窿边对应缝合。

6.领片的编织，沿着前领边挑67针，后领边挑43针，编织花样A，织16行，完成后，收针断线。衣服完成。

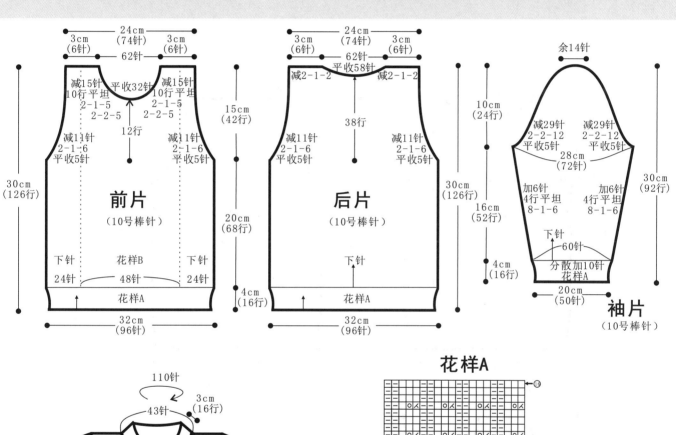

前片（10号棒针）
后片（10号棒针）
袖片（10号棒针）

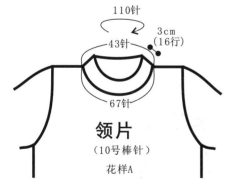

领片（10号棒针）
花样A

符号说明：

□	上针	⊠	左并针
□=□	下针	☑	右并针
2-1-3	行-针-次	⊙	镂空针
↑	编织方向		左上2针与右下2针交叉
			右上2针与左下1针交叉

花样A

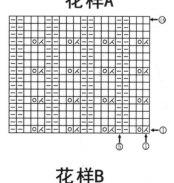

花样B

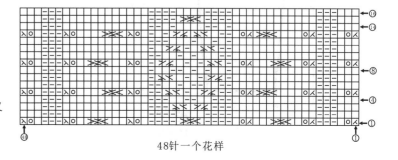

48针一个花样

141

黑色高领毛衣

【成品规格】 衣长34cm，胸宽26cm，肩宽16cm，袖长34cm

【工　　具】 10号棒针

【编织密度】 24.5针×34行=10cm²

【材　　料】 黑色丝光棉线400g，白线若干

编织要点：

1.棒针编织法，由前片1片、后片1片、袖片2片、领片1片组成。从下往上织起。

2.前片的编织。一片织成。单罗纹起针法，起织82针，编织花样D，编织16行后，编织花样C，编织16行，编织下针，编织64行至袖窿，两侧同时袖窿减针，平收4针，2-1-22，同时编织花样B，编织22行后，编织下针，编织10行后，中间进行领边减针，中间平收18针，两侧领边减针，2-1-6，全部收完针数，收针断线。

3.后片的编织。一片织成。单罗纹起针法，起织82针，编织花样D，编织16行后，编织花样C，编织16行，编织下针，编织64行至袖窿，两侧同时袖窿减针，平收4针，2-1-22，同时编织花样B，编织22行后，编织下针，编织22行后全部收完针数，收针断线。

4.袖片的编织。一片织成。单罗纹起针法，起织40针，编织花样D，编织18行后，编织下针，进行袖山加针，6-1-10，6行平坦，编织66行至袖窿，两侧同时袖窿减针，平收4针，2-1-22，同时编织花样B，编织22行后，编织下针，编织22行后全部收完针数，收针断线。相同的方法去编织另一袖片。

5.拼接，将前片的侧缝与后片的侧缝对应缝合。再将两袖片的袖山边线与衣身的袖窿边对应缝合。

6.领片的编织，沿着前，后领边各挑38针，共有76针，编织花样A，织18行，收针断线。衣服完成。

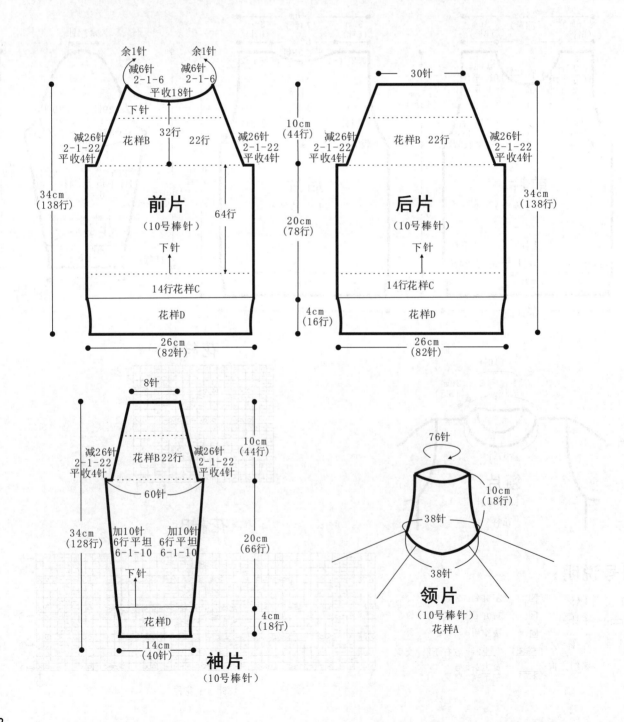

前片（10号棒针）
后片（10号棒针）
袖片（10号棒针）
领片（10号棒针）
花样A

符号说明：

　□　　　上针

　□=回　下针

2-1-3　行-针-次

↑　　　编织方向

花样A (双罗纹)

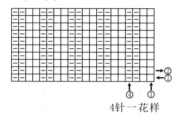

4针一花样

花样B

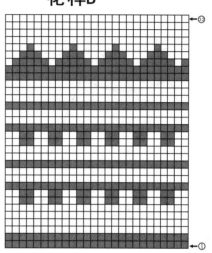

花样D (单罗纹)

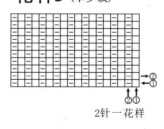

2针一花样

花样C

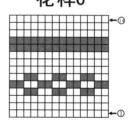

可爱小鸟图案毛衣

【成品规格】 衣长29cm，胸宽29cm，
肩宽15cm，袖长14cm

【工　　具】 10号棒针

【编织密度】 24.5针×34行=10cm²

【材　　料】 黑色丝光棉线250g，白色、黄
色、橘色、蓝色棉线各30g

编织要点：

1. 棒针编织法，由前片1片、后片1片、袖片2片、领片1片组成。从下往上织起。
2. 前片的编织。一片织成。双罗纹起针法，起织80针，编织花样A，编织16行后，编织下针，编织30行后，编织花样B，编织32行至袖窿，两侧同时袖窿减针，4-2-13，在织成袖窿起编织52行，中间进行领边减针，中间平收12针，两侧领边减针，2-1-8，全部收完针数，收针断线。
3. 后片的编织。一片织成。双罗纹起针法，起织80针，编织花样A，编织16行后，编织下针，不加减针，编织62行至袖窿，两侧同时袖窿减针，4-2-13，至肩部，余28针，收针断线。
4. 袖片的编织。一片织成。双罗纹起针法，起织64针，编织花样A，编织10行后，编织下针，两侧进行袖山减针，4-2-11。编织54行，收针断线，相同的方法去编织另一袖片。
5. 拼接，将前片的侧缝与后片的侧缝对应缝合。再将两袖片的袖山边线与衣身的袖窿边对应缝合。
6. 领片的编织，沿着前、后领边各挑40针，30针，共有70针，编织花样A，织6行，收针断线。衣服完成。

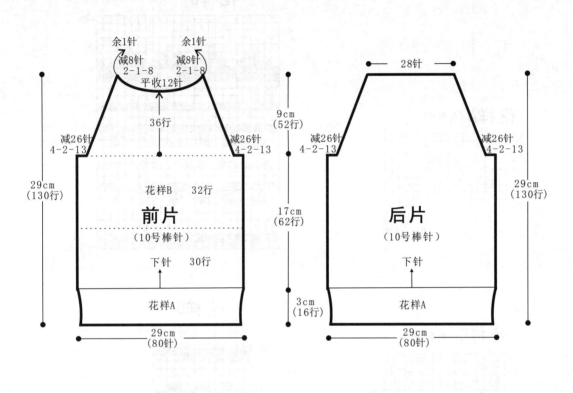

前片

余1针　　　余1针
减8针　　　减8针
2-1-8　　　2-1-8
平收12针
36行

减26针　　　　　　　减26针
4-2-13　　　　　　　4-2-13

9cm
(52行)

花样B　　32行

前 片
(10号棒针)

29cm
(130行)

17cm
(62行)

下针　　30行

花样A

3cm
(16行)

29cm
(80针)

后片

28针

减26针　　　　　　　减26针
4-2-13　　　　　　　4-2-13

后 片
(10号棒针)

29cm
(130行)

下针

花样A

29cm
(80针)

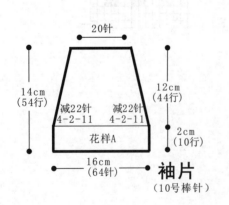

20针

14cm
(54行)

减22针　　减22针
4-2-11　　4-2-11

12cm
(44行)

花样A

2cm
(10行)

16cm
(64针)

袖 片
(10号棒针)

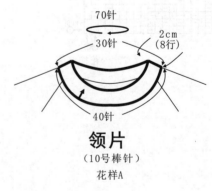

70针

30针

2cm
(8行)

40针

领 片
(10号棒针)

花样A

符号说明：

□ 上针

□=① 下针

2-1-3 行-针-次

↑ 编织方向

花样A (双罗纹)

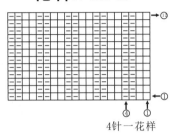

4针一花样

花样B

时尚V领毛衣

【成品规格】 衣长37cm，胸宽28cm，
袖长32cm

【工　　具】 10号棒针，10号环形针，
8号棒针，缝毛衣针

【编织密度】 11针×12行=10cm²

【材　　料】 灰色绒线750g，白色绒线50g，
黑色绒线50g，

编织要点：

1. 棒针编织法。由前片、后片各1片，袖片2片编织而成。

2. 前片的编织。用黑色线起86针双罗纹针法，织花样A，织2行，断线改灰色线织14行，下一行起织下针，织30行，下一行织70针改白色线依照花样B编织，花样B织完，下一行织17针，改白色线依照花样C编织，花样C织完，下一行织48针，改白色线依照花样D编织，织至94行，第95行左右两侧同时减针织成袖隆，平收5针，同时织16针，织2-1-6，织至100行，下一行进行前衣领减针，减针方法为1-1-1、2-1-15，不加减针，织25行后至肩部，余下16针，收针断线。

3. 后片的编织。用黑色线起86针双罗纹针法，织花样A，织2行，改灰色线织14行，下一行起，织下针，不加减针，织至94行，第95行左右两侧同时减针织成袖隆，平收5针，然后2-1-6，织144行后，在织片的中间留28针，两侧分别减针织成后领，减针方法为1-1-1、2-1-1，两肩各余下16针，收针断线。将前后片肩部对应缝合。再将衣身侧缝对应缝合。

4. 袖片的编织。从袖口起织。用黑色线起48针双罗纹针法，起织花样A，织2行，断线用灰色线织12行，在最后一行里，分散加针加6针，将针数加成54针，编织下针，织2行后，开始在袖侧缝上进行加针，方法是8-1-10，织至96行袖隆，下一行起袖隆减针，两侧减针，方法是平收5针，2-1-13，2-2-1，2-3-1，2-4-1，织至130行，余下20针，收针断线。相同的方法去编织另一袖片。再将两袖山边线与衣身的袖隆边线进行对应缝合。再将袖侧缝进行缝合。

5. 领片的编织。沿V行领口挑起环形编织。从肩部挑起131针，织花样A，第一行再V行领中心3针并1针收针，方法为1-2-8，织至8行后，改黑色线收针断线。衣服完成。

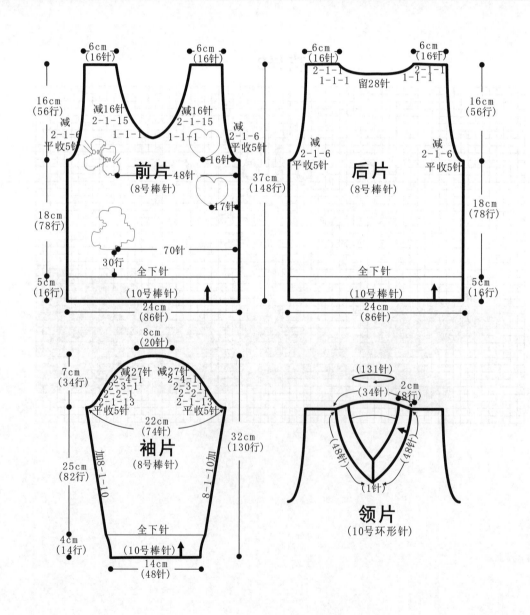

前片（8号棒针）

6cm（16针）　6cm（16针）
16cm（56行）
减2-1-6 平收5针
减16针 2-1-15 1-1-1
减16针 2-1-15 1-1-1
减2-1-6 平收5针
16针
48针
17针
37cm（148行）
18cm（78行）
70针
30行
全下针
5cm（16行）
（10号棒针）
24cm（86针）

后片（8号棒针）

6cm（16针）　6cm（16针）
2-1-1 1-1-1　2-1-1 1-1-1
留28针
16cm（56行）
减2-1-6 平收5针　减2-1-6 平收5针
37cm（148行）
18cm（78行）
全下针
5cm（16行）
（10号棒针）
24cm（86针）

袖片（8号棒针）

8cm（20针）
7cm（34行）
减27针　减27针
2-4-1 2-3-1 2-2-1 2-1-13　2-4-1 2-3-1 2-2-1 2-1-13
平收5针　平收5针
22cm（74针）
32cm（130行）
25cm（82行）
加8-1-10加　8-1-10
全下针
4cm（14行）
（10号棒针）
14cm（48针）

领片（10号环形针）

（131针）
（34针）
2cm（8行）
（48针）　（48针）
（1针）

□ 上针
□=① 下针
■ 白色线
2-1-38 行-针-次
↑ 编织方向

花样A (双罗纹)

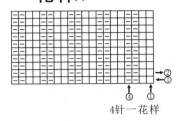

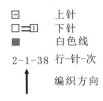

②←
①←
④ ①
4针一花样

花样B

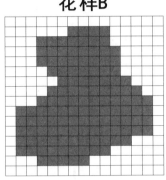

花样C

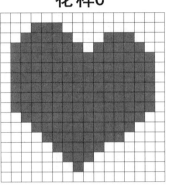

花样D

小狗图案毛衣

【成品规格】 衣长33cm，胸宽30cm，
肩宽23cm，袖长26cm

【工　　具】 10号棒针

【编织密度】 20针×26.4行=10cm²

【材　　料】 黄色丝光棉线400g，
其他颜色各50g

编织要点：

1.棒针编织法，由前片1片、后片1片、袖片2片、领片1片组成。从下往上织起。
2.前片的编织。一片织成。起针，平针起针法，用黄色线起90针，起织下针，编织20行后，对折为10行高度，一一并针，开始衣身编织。不加减针，编织花样B，编织68行后，至袖窿。袖窿起减针，两侧同时平收6针，2-1-6，当织成袖窿算起30行时，中间平收8针，两边进行领边减针，2-2-6，10行平坦至肩部，各余下17针，收针断线。
3.后片的编织。一片织成。起针，平针起针法，用黄色线起90针，起织下针，编织20行后，对折为10行高度，一一并针，开始衣身编织。不加减针，编织花样D，编织18行至袖窿。袖窿起减针，两侧同时平收6针，2-1-6，当织成袖窿算起50行时，中间平收28针，两边进行领边减针，2-1-2，至肩部，各余下17针，收针断线。
4.袖片的编织。一片织成。起针，平针起针法，用棕色线起44针，起织花样A，编织10行后，分散加12针共有56针，开始袖身编织。两边侧缝加针，6-1-10，6行平坦，编织花样D，编织48行后，换成黄色线编织下针，编织18行至袖窿。并进行袖山减针，平收6针，2-2-14，余下8针，收针断线。相同的方法去编织另一袖片。
5.拼接，将前片的侧缝与后片的侧缝和肩部对应缝合。再将两袖片的袖山边线与衣身的袖窿边对应缝合。
6.领片的编织，用棕色线沿着前领边挑66针，后领边挑40针，编织花样A，织10行，完成后，收针断线。衣服完成。

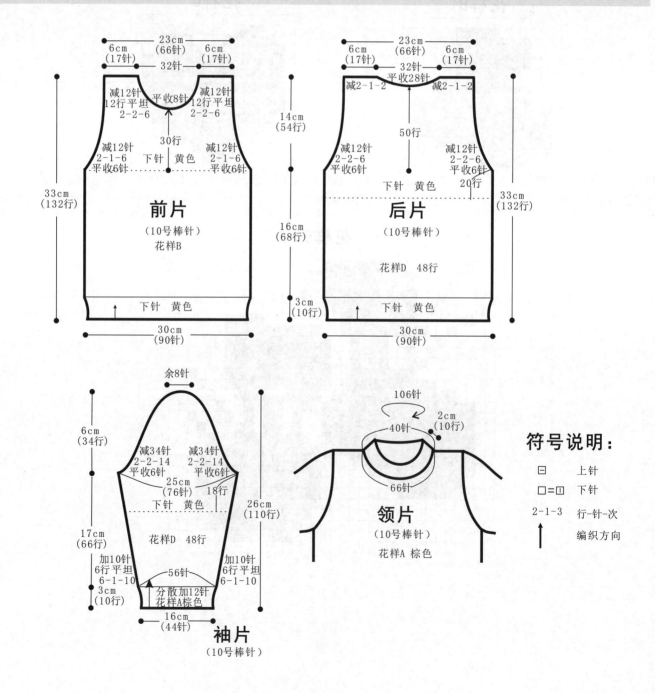

前片（10号棒针）花样B

23cm（66针）
6cm（17针）　6cm（17针）
32针
减12针 12行平坦 2-2-6
平收8针
30行
减12针 2-1-6
平收6针
下针　黄色
33cm（132行）
下针　黄色
30cm（90针）

后片（10号棒针）花样D 48行

23cm（66针）
6cm（17针）　6cm（17针）
32针
减2-1-2
50行
减12针 2-2-6
平收6针
20行
下针　黄色
33cm（132行）
14cm（54行）
16cm（68行）
3cm（10行）
下针　黄色
30cm（90针）

袖片（10号棒针）

余8针
减34针 2-2-14 平收6针
25cm（76针）
18针
下针　黄色
花样D 48行
6cm（34行）
26cm（110行）
17cm（66行）
加10针 6行平坦 6-1-10
56针
3cm（10行）
分散加12针 花样A棕色
16cm（44针）

领片（10号棒针）花样A 棕色

106针
40针
2cm（10行）
66针

符号说明：

□　上针

□=回　下针

2-1-3　行-针-次

↑　编织方向

花样A (单罗纹)

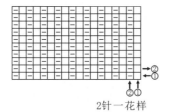

2针一花样

花样C

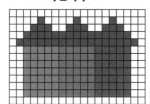

花样D

4针一花样

花样B (前片图案)

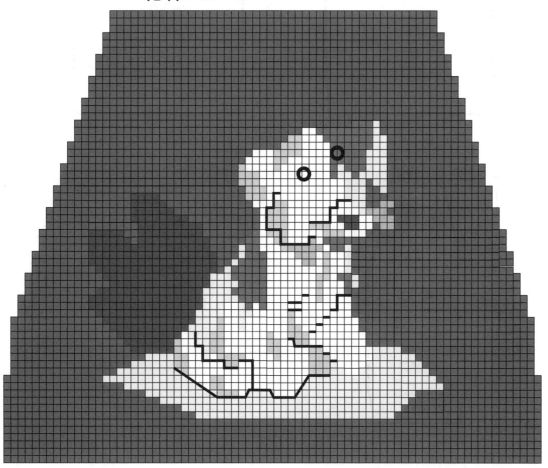

黑白条纹毛衣

【成品规格】 衣长33cm，胸宽18cm，
　　　　　　肩宽12cm，袖长33cm

【工　　具】 10号棒针

【编织密度】 24.5针×34行=10cm²

【材　　料】 黑色、白色丝光棉线各250g

编织要点：
1.棒针编织法，由前片1片、后片1片、袖片2片、领片1片组成。从上往下织出。
2.前片的编织。一片织成。平针起针法，用黑色线起22针，起织花样C，同时两侧进行袖山加针，2-1-20，编织14行，换成白色线编织4行，再换成黑色线编织花样B，编织4行，之后按照花样B的图形黑白色线交错编织衣身，编织18行后平加4针为袖窿。此时共有70针，不加减针，开始编织衣身，编织54行，开始换黑色线编织花样A，编织14行，收针断线。
3.后片的编织。与前片的编织方法相同。
4.袖片的编织。一片织成。平针起针法，用黑色线起16针，起织花样C，同时两侧进行袖山加针，2-1-20，编织14行，换成白色线编织4行，再换成黑色线编织花样C，编织4行，之后按照花样C的图形黑白色线交错编织袖身，编织18行后平加4针为袖窿。此时共有64针，不加减针，开始编织袖身，编织54行，开始换黑色线编织花样A，编织14行，收针断线。相同的方法去编织另一袖片。
5.拼接。将前片的侧缝与后片的侧缝和肩部对应缝合。再将两袖片的袖山边线与衣身的袖窿边对应缝合。
6.领片的编织，沿着左前边、右前边、后领边各挑30针，19针，19针，编织花样A，织6行，预留2个扣眼，相应位置钉上纽扣，收针断线。衣服完成。

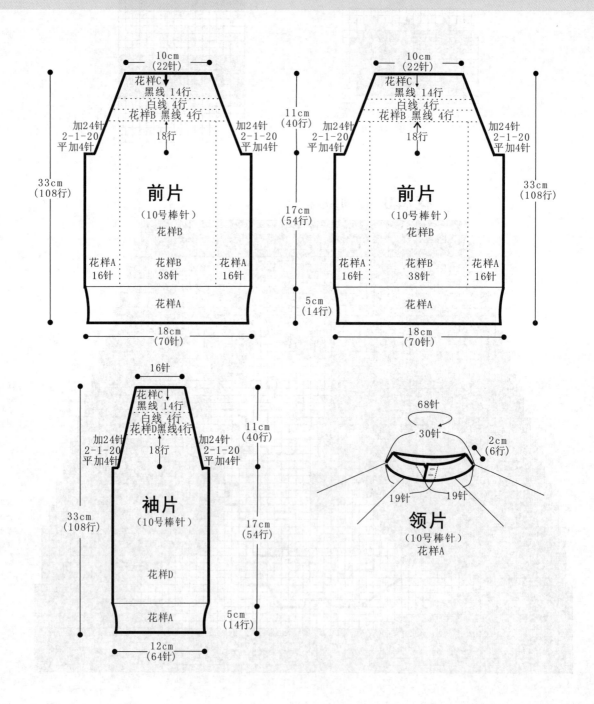

符号说明：

□ 上针

□=□ 下针

2-1-3 行-针-次

↑ 编织方向

花样A (双罗纹)

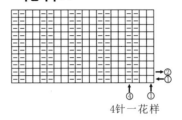

4针一花样

花样B

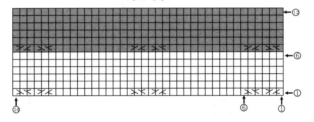

花样C (搓板针)

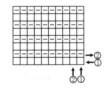

花样D (双罗纹)

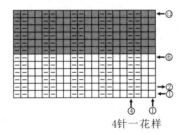

4针一花样

白色不规则短袖装

【成品规格】 衣长37cm，胸宽28cm，
　　　　　　 肩宽24cm

【工　　具】 10号棒针

【编织密度】 26.7针×33.3行=10cm²

【材　　料】 白色丝光棉线250g

编织要点:

1. 棒针编织法，由前片1片、后片1片组成。从下往上织起。
2. 前片的编织。起针，单罗纹起针法，起42针，编织花样C，编织4行后，编织花样B，不加减针，编织40行，右侧加14针，编织花样A，编织4行为袖边，然后编织花样B，编织24行，全部收26针，衣身左侧继续编织花样B，收完26针后衣身余30针继续编织30行，收针断线。
3. 后片的编织。相同的方法和相反的方向去编织后片。
4. 拼接。将前片的侧缝与后片的侧缝对应缝合，将前后片的肩部对应缝合。
5. 领片和袖边的编织:分别将右侧26针收针处前后片各挑出20针，共40针，编织30行高度的前后片衣身边各挑22针，共44针，编织花样A，其90°直角处各2-1-3，以便形成直角，编织6行，收针断线。左侧袖口处前后片各挑出22针，共44针，编织花样A，编织4行，收针断线。衣服完成。

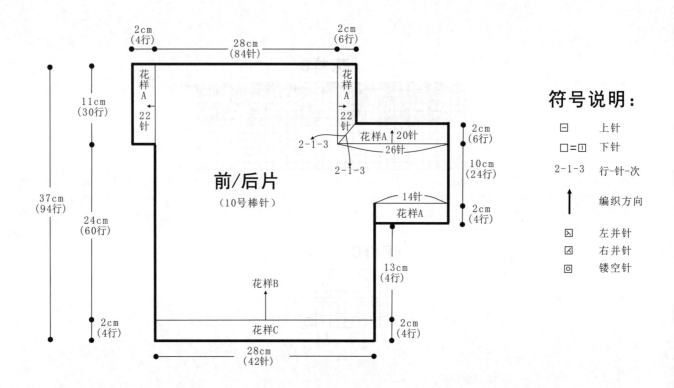

符号说明:

⊟	上针
□=⊡	下针
2-1-3	行-针-次
↑	编织方向
⊠	左并针
⊡	右并针
⊡	镂空针

前/后片 (10号棒针)

花样B
花样C (搓板针)
花样A (单罗纹)

2cm(4行)　28cm(84针)　2cm(6行)

11cm(30行)

37cm(94行)　24cm(60行)　2cm(4行)

花样A 22针

花样A 20针　26针

2-1-3　2-1-3

2cm(6行)

10cm(24行)

14针　花样A

13cm(4行)

2cm(4行)

花样B

花样C

28cm(42针)

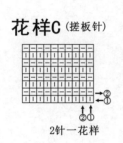

花样C (搓板针)
2针一花样

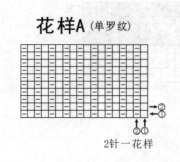

花样A (单罗纹)
2针一花样

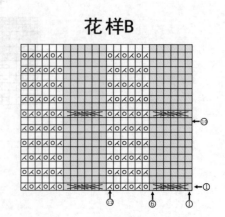

花样B

Qq企鹅毛衣

【成品规格】 衣长34cm，胸宽28cm，肩宽14cm，袖长33cm

【工　　具】 10号棒针

【编织密度】 24.5针×34行=10cm²

【材　　料】 灰色丝光棉线200g，红色、黑色、白色、橘色各50g

编织要点：

1.棒针编织法，由前片1片、后片1片、袖片2片、领片1片组成。从下往上织起。

2.前片的编织。一片织成。双罗纹起针法，起织88针，编织花样A，编织17行后，中间35针编织花样B，两侧各余27针和28针继续用灰色线编织下针，编织66行至袖窿，两侧同时袖窿减针，平收4针，2-1-6，在织成袖窿起编织40行，中间进行领边减针，中间平收8针，两侧领边减针，2-2-5，2行平坦，全部收完针数，收针断线。

3.后片的编织。一片织成。双罗纹起针法，起织88针，编织花样A，编织17行后，用灰色线编织下针，不加减针，编织66行至袖窿，两侧同时袖窿减针，平收4针，2-1-6，至肩部，余28针，收针断线。

4.袖片的编织。一片织成。双罗纹起针法，起织44针，编织花样C，编织14行后，分散加16针，共有60针编织花样D，两侧进行袖身加针，8-1-8，4行平坦。编织68行，至袖窿，两侧同时平收4针，2-1-26，编织52行。余16针，收针断线，相同的方法去编织另一袖片。

5.拼接，将前片的侧缝与后片的侧缝对应缝合。再将两袖片的袖山边线与衣身的袖窿边对应缝合。

6.领片的编织，沿着前、后领各挑66针，46针，共有112针，编织花样E，织12行，收针断线。衣服完成。

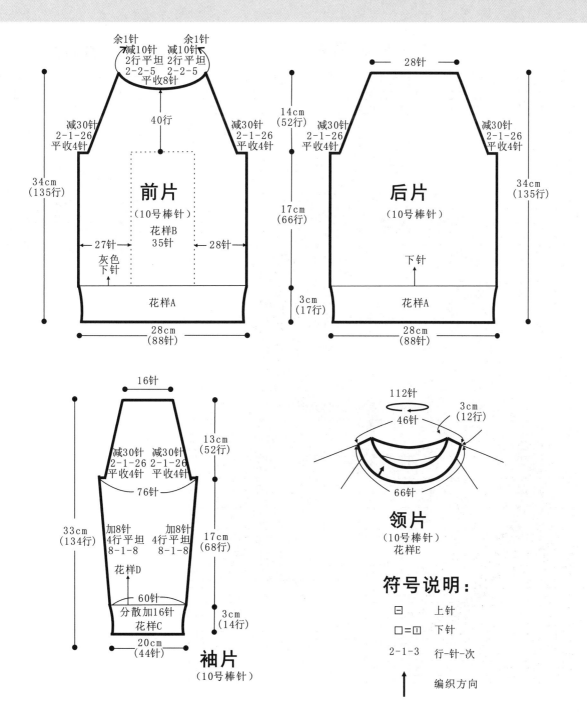

前片
（10号棒针）
花样B
35针
灰色下针
花样A

余1针　余1针
减10针　减10针
2行平坦　2行平坦
2-2-5　2-2-5
平收8针
40行
减30针　减30针
2-1-26　2-1-26
平收4针　平收4针
34cm（135行）
27针　28针
28cm（88针）

后片
（10号棒针）
下针
花样A

28针
14cm（52行）
减30针　减30针
2-1-26　2-1-26
平收4针　平收4针
17cm（66行）
34cm（135行）
3cm（17行）
28cm（88针）

袖片
（10号棒针）

16针
13cm（52行）
减30针　减30针
2-1-26　2-1-26
平收4针　平收4针
76针
花样D
加8针　加8针
4行平坦　4行平坦
8-1-8　8-1-8
17cm（68行）
33cm（134行）
60针
分散加16针
花样C
3cm（14行）
20cm（44针）

领片
（10号棒针）
花样E

112针
46针
3cm（12行）
66针

符号说明：

□　　上针

□=□　　下针

2-1-3　　行-针-次

↑　　编织方向

153

花样A（双罗纹）

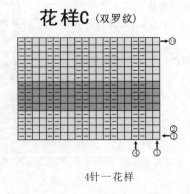

4针一花样

花样C（双罗纹）

4针一花样

花样E（双罗纹）

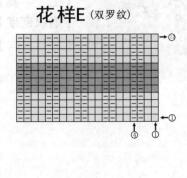

花样B QQ图案

花样D

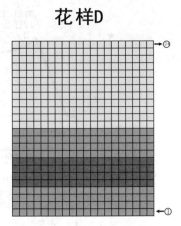

运动熊套头装

【成品规格】 衣长33cm，胸宽28cm，肩宽26cm，袖长27cm

【工　　具】 10号棒针

【编织密度】 20针×26.4行=10cm²

【材　　料】 灰色、黄色丝光棉线各150g

编织要点：

1.棒针编织法，由前片1片、后片1片、袖片2片、领片1片组成。从下往上织起。

2.前片的编织。一片织成。起针，双罗纹起针法，用灰色线起90针，起织花样A，编织18行后，开始衣身编织。起织花样B图案。不加减针，编织66行后，至袖窿。袖窿起减针，两侧同时平收6针，2-2-6，当织成袖窿算起30行时，中间平收8针，两边进行领边减针，2-2-6，10行平坦至肩部，各余下17针，收针断线。

3.后片的编织。一片织成。起针，双罗纹起针法，用灰色线起90针，起织花样A，编织18行后，开始衣身编织。先用灰色线编织30行下针，再用红色线编织18行下针，最后用黄色线织下针18行至袖窿。往上都是用黄色线编织。袖窿起减针，两侧同时平收6针，2-2-6，当织成袖窿算起48行时，中间平收28针，两边进行领边减针，2-1-2，至肩部，各余下17针，收针断线。

4.袖片的编织。一片织成。起针，单罗纹起针法，用灰色线起48针，起织花样A，编织14行后，分散加8针共成56针，开始袖身编织。先用灰色线织30行，再红色线织18行下针，余下全用黄色线。袖侧缝两边侧缝加针，6-1-10，6行平坦，编织花样D，编织36行后，换成橘色线编织下针，编织30行至袖窿。并进行袖山减针，平收6针，2-2-12，余下16针，收针断线。相同的方法去编织另一袖片。

5.拼接。将前片的侧缝与后片的侧缝和肩部对应缝合。再将两袖片的袖山边线与衣身的袖窿边对应缝合。

6.领片的编织，用灰色线沿着前领边挑66针，后领边挑40针，编织花样A，织10行，完成后，收针断线。衣服完成。

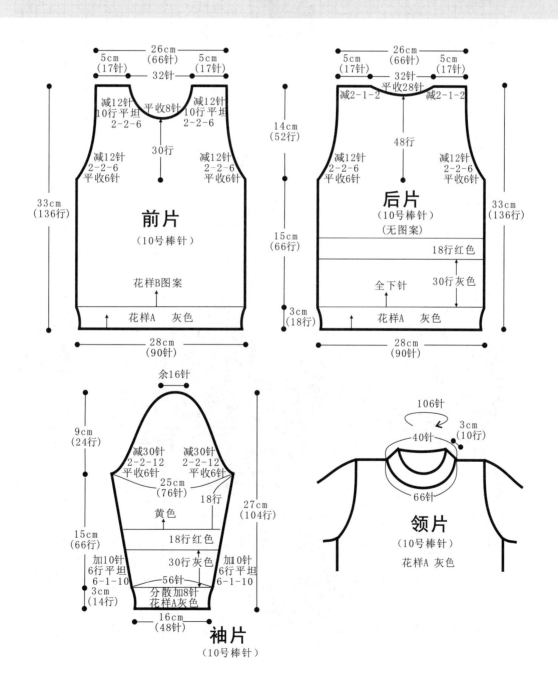

前片
（10号棒针）
花样B图案
花样A　灰色

后片
（10号棒针）
（无图案）
18行红色
30行灰色
全下针
花样A　灰色

袖片
（10号棒针）
黄色
18行红色
30行灰色
分散加8针
花样A灰色

领片
（10号棒针）
花样A 灰色

花样A (双罗纹)

4针一花样

符号说明：

⊟　上针

□=⊡　下针

2-1-3　行-针-次

↑　编织方向

花样B

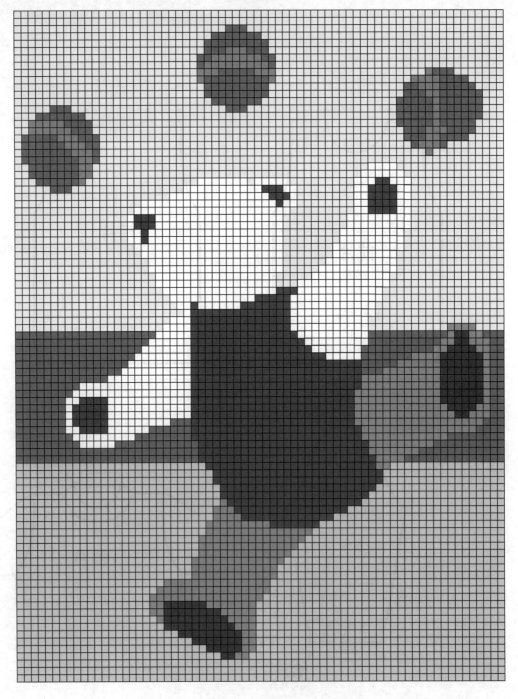

纯白圆领装

【成品规格】 衣长38cm，胸宽27cm，
肩宽14cm，袖长37cm

【工　　具】 10号棒针

【编织密度】 24.5针×34行=10cm²

【材　　料】 白色丝光棉线400g

编织要点：

1.棒针编织法，由前片1片、后片1片、袖片2片、领片1片组成。从下往上织起。

2.前片的编织。一片织成。单罗纹起针法，起织62针，编织花样A，编织10行后，编织花样B，编织42行至袖窿，两侧同时袖窿减针，平收4针，2-1-16，在织成袖窿起编织22行，中间进行领边减针，中间平收12针，两侧领边减针，2-1-5，全部收完针数，收针断线。

3.后片的编织。一片织成。单罗纹起针法，起织62针，编织花样A，编织10行后，编织花样B，编织42行至袖窿，两侧同时袖窿减针，平收4针，2-1-16，编织32行，全部收完针数，收针断线。

4.袖片的编织。一片织成。单罗纹起针法，起织24针，编织花样A，编织10行后，分散加14针，共有38针编织下针，两侧进行袖身加针，6-1-5、4-1-4。编织46行，至袖窿，两侧同时平收4针，2-1-16，编织32行。余16针，收针断线，相同的方法去编织另一袖片。

5.拼接，将前片的侧缝与后片的侧缝对应缝合。再将两袖片的袖山边线与衣身的袖窿边对应缝合。

6.领片的编织，沿着前，后领边各挑48针，共有96针，编织花样A，织12行，收针断线。衣服完成。

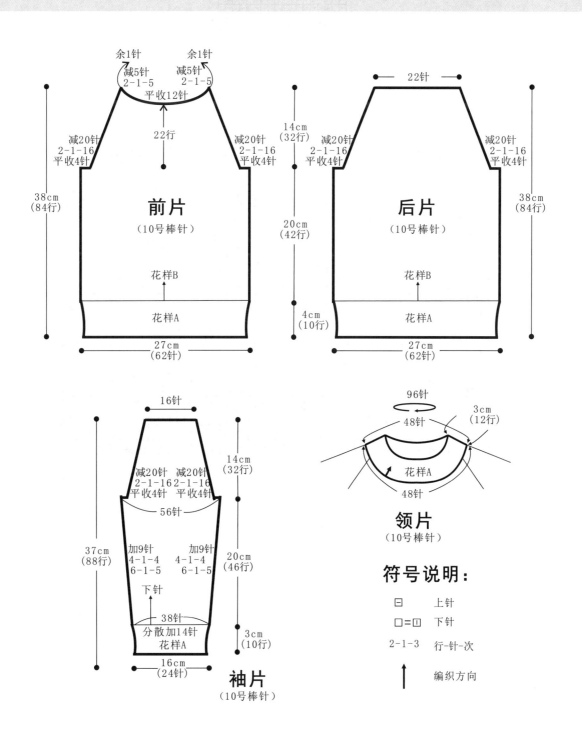

前片
（10号棒针）

花样B

花样A

余1针
减5针
2-1-5
平收12针
22行
减20针
2-1-16
平收4针
38cm
（84行）
27cm
（62针）

后片
（10号棒针）

花样B

花样A

22针
14cm
（32行）
减20针
2-1-16
平收4针
38cm
（84行）
20cm
（42行）
4cm
（10行）
27cm
（62针）

袖片
（10号棒针）

16针
减20针
2-1-16
平收4针
56针
加9针
4-1-4
6-1-5
下针
38针
分散加14针
花样A
37cm
（88行）
14cm
（32行）
20cm
（46行）
3cm
（10行）
16cm
（24针）

领片
（10号棒针）

96针
48针
花样A
48针
3cm
（12行）

符号说明：

☐　　上针

☐=☐　下针

2-1-3　行-针-次

↑　　编织方向

157

花样A (单罗纹)

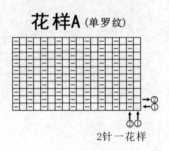

2针一花样

花样B

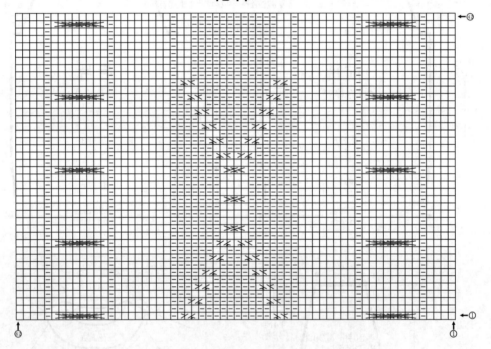

高领斜肩毛衣

【成品规格】 衣长39cm，半胸围32cm，
　　　　　　 肩连袖长22cm

【工　　具】 13号棒针

【编织密度】 32针×42行＝10cm²

【材　　料】 咖啡色棉线350g

编织要点:

1.棒针编织法，衣身片分为前片和后片，分别编织，完成后与袖片缝合而成。

2.起织后片，起102针，起织花样A，织18行，从第19行起，改织花样B，织至102行，第103行织片左右两侧各收6针，然后减针织成插肩袖窿，方法为4-2-15，织至162行，织片余下30针，收针断线。

3.起织前片，起102针，起织花样A，织18行，从第19行起，改为花样D与花样E组合编织，织至102行，第103行起改织花样F，织片左右两侧各收6针，然后减针织成插肩袖窿，方法为4-2-15，织至158行，织片中间留起20针不织，两侧减针织成前领，方法为2-2-2，织至162行，两侧各余下1针，收针断线。

4.将前片与后片的侧缝缝合。

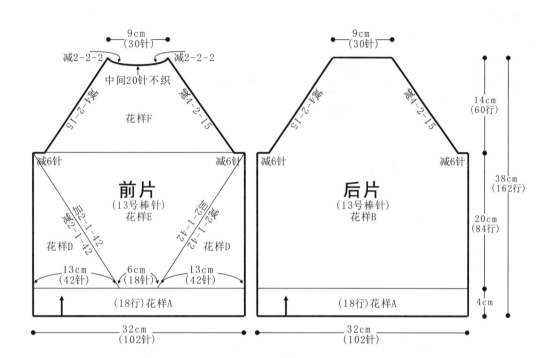

前片
（13号棒针）
花样E
花样D
减6针　　减6针
减2-1-42　加2-1-42
13cm（42针）　6cm（18针）　13cm（42针）
（18行）花样A
32cm（102针）

9cm（30针）
减2-2-2　减2-2-2
中间20针不织
减4-2-15　减4-2-15
花样F

后片
（13号棒针）
花样B
减6针　　减6针
减4-2-15　减4-2-15
9cm（30针）
（18行）花样A
32cm（102针）

14cm（60行）
38cm（162行）
20cm（84行）
4cm

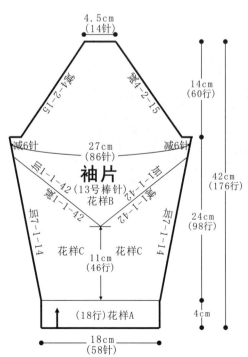

袖片
（13号棒针）
花样B
花样C　花样C
减6针　　减6针
减2-1-42　加2-1-42
加1-1-42　减1-1-42
加7-1-14　加7-1-14
4.5cm（14针）
减4-2-15　减4-2-15
27cm（86针）
11cm（46针）
（18行）花样A
18cm（58针）
14cm（60行）
42cm（176行）
24cm（98行）
4cm

袖片制作说明

1.棒针编织法，编织2片袖片。左袖片与右袖片，方法相同，从袖口起织。

2.双罗纹针起针法，起58针，织花样A，织18行后，第19行起，改织花样C，两侧加针，方法为7-1-14，织至46行，改为花样C与花样B组合编织，织至116行，两侧各收针6针，然后减针织成插肩袖山，方法为4-2-15，织至176行，织片余下14针，收针断线。

3.同样的方法编织另一袖片。

4.将两袖侧缝对应缝合。再将插肩线对应衣身插肩缝合。

花样A
12cm（50行）
起88针
领片
（13号棒针）

领片制作说明

1.沿领口挑起环形编织。

2.起88针，织花样A，织50行后，双罗纹针收针法收针断线。

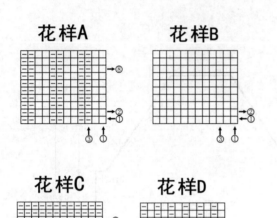

花样A 花样B 花样C 花样D

符号说明：

☐		上针
☐=①		下针
▨▨▨▨		左上4针与右下4针交叉
⧄		右上滑针的1针交叉
2-1-3		行-针-次
↑		编织方向

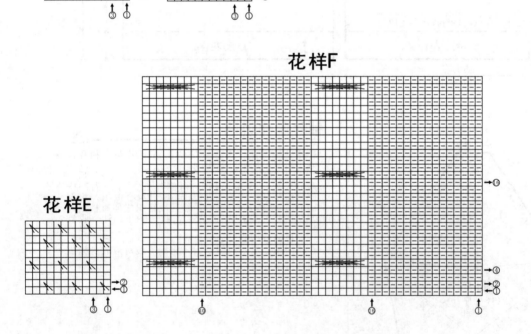

花样F

花样E

可爱兔毛衣

【成品规格】 衣长32cm 下摆宽31cm
连肩袖长31cm

【工　具】 10号棒针，钩针

【编织密度】 26针×38行=10cm²

【材　料】 深蓝色羊毛线400g，
白色线、灰色线少许，
纽扣2枚

编织要点：

1.毛衣用棒针编织，由1片前片、1片后片、2片袖片组成，从下往上编织。

2.先编织前片。

(1)用下针起针法，起80针，织10行单罗纹后，改织全下针，并编入图案，侧缝不用加减针，织58行至插肩袖窿。

(2)袖窿以上的编织。两边平收5针后，进行袖窿减针，方法是每2行减1针减21次，各减21针。

(3)从插肩袖窿算起，织至42行时，在中间平收8针，开始开领窝，两边各减10针，方法是每2行减2针减5次，织至两边肩部全部针数收完。

3.编织后片。

(1)插肩袖窿和袖窿以下的编织方法与前片插肩袖窿一样。

(2)同时从插肩袖算起，织至42行，中间平收24针，领窝减针，方法是每2行减2针减2次，织至两边肩部全部针数收完。

4.编织袖片。用下针起针法，起32针，织10行单罗纹后，分散加28针至60针，两边袖下加针，方法是每10行加1针加5次，织至54行开始插肩减针，方法是每2行减1针减21次，至肩部余18针，同样方法编织另一袖，收针。

5.缝合。将前片的侧缝与后片的侧缝对应缝合。袖片的袖下分别缝合，袖片的插肩部与衣片的插肩部缝合，其中右边只缝合一半，接近领边的一半用钩针钩织花边，作为右肩门襟。

6.领圈以右前肩为中线，挑100针，片织10行单罗纹，形成右肩开门襟圆领。

7.装饰：缝上纽扣。完成。

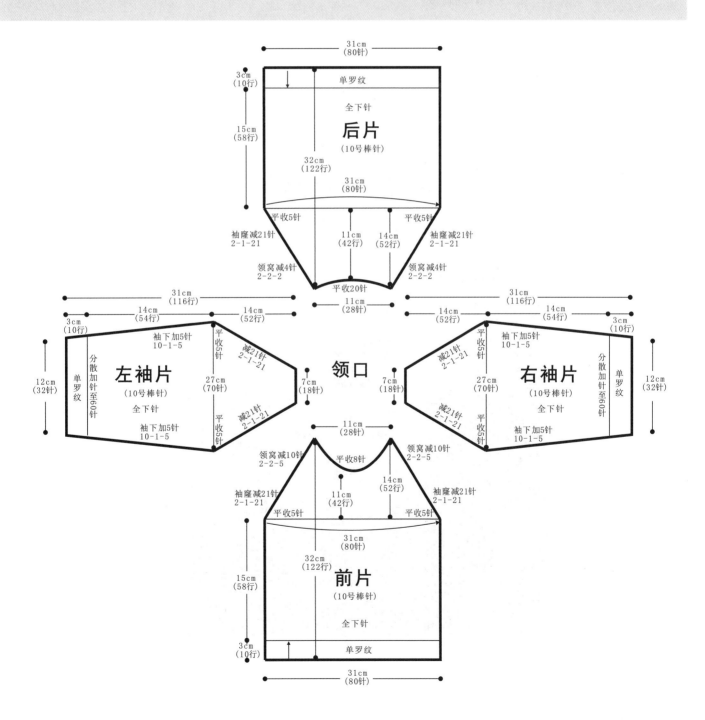

符号说明：

□ 上针

□=□ 下针

十 短针

┬ 长针

⬭⬭⬭ 锁针

2-1-3 行-针-次

↑ 编织方向

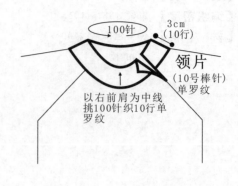

100针

3cm
(10行)

领片
（10号棒针）
单罗纹

以右前肩为中线
挑100针织10行单
罗纹

钩针花边

单罗纹
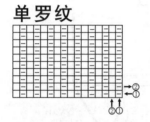

全下针
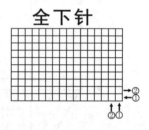

花样图案

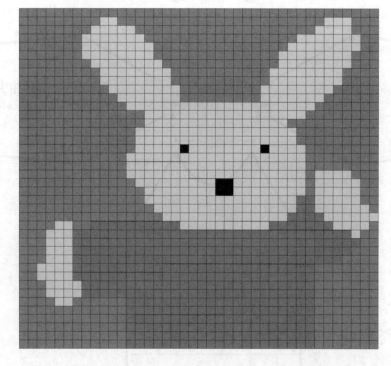

162

红白配色毛衣

【成品规格】 衣长33cm，胸宽27cm，
肩宽15cm，袖长33cm
【工　　具】 10号棒针
【编织密度】 24.5针×34行＝10cm²
【材　　料】 红色、白色丝光棉线400g

编织要点：

1. 棒针编织法，由前片1片、后片1片、袖片2片、领片1片组成。从下往上织起。
2. 前片的编织。一片织成。双罗纹起针法，起织90针，编织花样A，编织16行后，编织下针，不加减针，编织24行后，中间35针编织花样B，两侧各余27针和28针继续编织下针，编织42行至袖窿，两侧同时袖窿减针，平收4针，2-1-6，在织成袖窿起编织44行，中间进行领边减针，中间平收22针，两侧领边减针，2-1-4，全部收完针数，收针断线。
3. 后片的编织。一片织成。双罗纹起针法，起织90针，编织花样A，编织16行后，编织下针，不加减针，编织66行至袖窿，两侧同时袖窿减针，平收4针，2-1-6，至肩部，余30针，收针断线。
4. 袖片的编织。一片织成。双罗纹起针法，起织48针，编织花样A，编织16行后，换成白色线分散加12针，共有60针编织下针，编织12行后换成红色线编织，编织12行后又换成白色线，之后就一直这样白、红色线交替编织，同时两侧进行袖身加针，8-1-8，4行平坦。编织68行，至袖窿，两侧同时平收4针，2-1-26，编织52行，余16针，收针断线。相同的方法去编织另一袖片。
5. 拼接，将前片的侧缝与后片的侧缝对应缝合。再将两袖片的袖山边线与衣身的袖窿边对应缝合。
6. 领片的编织，沿着前、后领边各挑68针，40针，共有108针，编织花样A，织10行，收针断线。衣服完成。

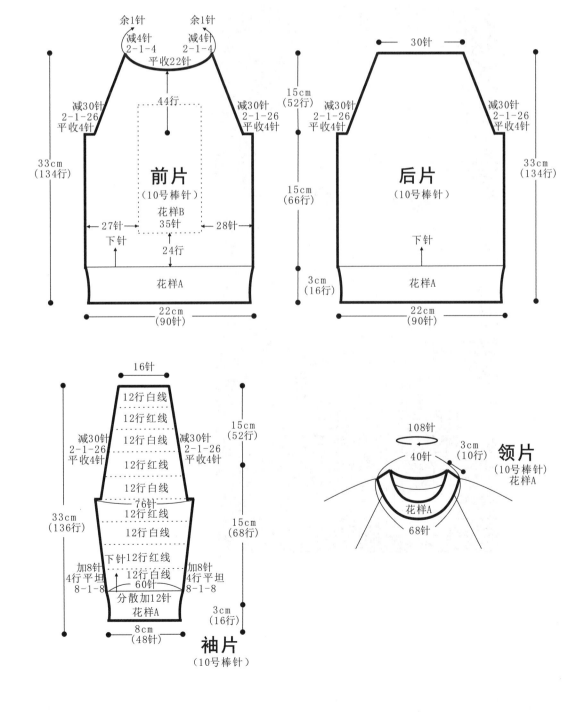

余1针　　余1针
减4针　　减4针
2-1-4　　2-1-4
平收22针

减30针　　44行　　减30针
2-1-26　　　　　　2-1-26
平收4针　　　　　平收4针

前片
（10号棒针）

花样B
35针

27针　　　　28针

下针

24行

花样A

22cm
（90针）

33cm
（134行）

30针

15cm
（52行）

减30针　　　　　减30针
2-1-26　　　　　 2-1-26
平收4针　　　　　平收4针

后片
（10号棒针）

下针

15cm
（66行）

花样A

3cm
（16行）

22cm
（90针）

33cm
（134行）

16针

12行白线
12行红线
减30针　12行白线　减30针
2-1-26　　　　　　2-1-26
平收4针　12行红线　平收4针
12行白线
76针
12行红线
12行白线
下针12行红线
12行白线
60针
加8针　　　　　　加8针
4行平坦　　　　　4行平坦
8-1-8　　　　　　8-1-8
分散加12针
花样A

33cm
（136行）

15cm
（52行）

15cm
（68行）

3cm
（16行）

8cm
（48针）

袖片
（10号棒针）

108针
40针
领片
（10号棒针）
花样A

3cm
（10行）

花样A

68针

花样A (双罗纹)

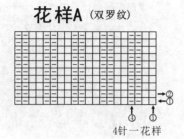

4针一花样

符号说明：

□ 上针

□=① 下针

2-1-3 行-针-次

↑ 编织方向

花样B

问号图案毛衣

【成品规格】 衣长33cm，胸宽28cm，
肩宽26cm，袖长27cm

【工　　具】 10号棒针

【编织密度】 20针×26.4行=10cm²

【材　　料】 灰色、橘色丝光棉线200g

编织要点：

1.棒针编织法，由前片1片、后片1片、袖片2片、领片1片组成。从下往上织起。

2.前片的编织。一片织成。起针，单罗纹起针法，用灰色线起90针，起织花样A，编织18行后，开始衣身编织。不加减针，编织下针，将90针分为3份，中间40针用橘色线编织花样C，两侧各余25针用灰色线编织花样B，编织66行后，至袖窿。袖窿起减针，两侧同时平收6针，2-2-6，当织成袖窿算起30行时，中间平收8针，两边进行领边减针，2-2-6，10行平坦至肩部，各余下17针，收针断线。

3.后片的编织。一片织成。起针，单罗纹起针法，用灰色线起90针，起织花样A，编织18行后，开始衣身编织。不加减针，用橘色线编织下针，编织66行后，至袖窿。袖窿起减针，两侧同时平收6针，2-2-6，当织成袖窿算起48行时，中间平收28针，两边进行领边减针，2-1-2，至肩部，各余下17针，收针断线。

4.袖片的编织。一片织成。起针，单罗纹起针法，用灰色线起48针，起织花样A，编织14行后，分散加8针共有56针，开始袖身编织。两边侧缝加针，6-1-10，6行平坦，编织花样D，编织36行后，换成橘色线编织下针，编织30行至袖窿，并进行袖山减针，平收6针，2-2-12，余下16针，收针断线。相同的方法去编织另一袖片。

5.拼接，将前片的侧缝与后片的侧缝和肩部对应缝合。再将两袖片的袖山边线与衣身的袖窿边对应缝合。

6.领片的编织，用灰色线沿着前领边挑66针，后领边挑40针，编织花样A，织10行，完成后，收针断线。衣服完成。

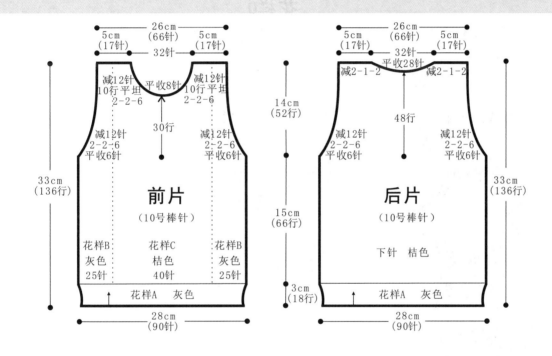

前片
（10号棒针）

26cm（66针）　5cm（17针）　5cm（17针）　32针
减12针 10行平坦 2-2-6　平收8针
减12针 2-2-6 平收6针
30行
33cm（136行）
14cm（52行）
15cm（66行）
花样B 灰色 25针　花样C 桔色 40针　花样B 灰色 25针
花样A　灰色
3cm（18行）
28cm（90针）

后片
（10号棒针）

26cm（66针）　5cm（17针）　5cm（17针）　32针
平收28针　减2-1-2　减2-1-2
减12针 2-2-6 平收6针
48行
33cm（136行）
下针　桔色
花样A　灰色
28cm（90针）

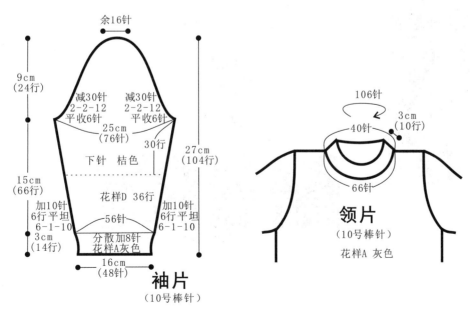

袖片
（10号棒针）

余16针
9cm（24行）
减30针 2-2-12 平收6针
25cm（76针）
30行
27cm（104行）
下针　桔色
15cm（66行）
花样D 36行
加10针 6行平坦 6-1-10
56针
3cm（14行）
分散加8针 花样A灰色
16cm（48针）

领片
（10号棒针）

106针
3cm（10行）
40针
66针
花样A 灰色

165

符号说明：

⊟	上针
□=①	下针
2-1-3	行-针-次
↑	编织方向

☒	左并针
☒	右并针
⊡	镂空针

花样A (双罗纹)

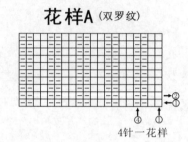

4针一花样

花样D

4针一花样

花样B (字母)

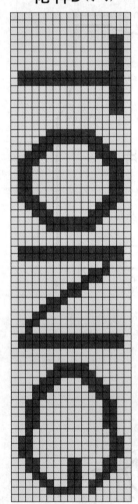

花样C (中间问号带字母)

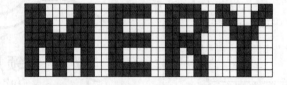

配色小马甲

【成品规格】 衣长20cm，胸宽26cm，
肩宽13cm，袖长11cm

【工　　具】 10号棒针

【编织密度】 24.5针×34行=10cm²

【材　　料】 白色丝光棉线150g，
蓝色80g

编织要点：

1.棒针编织法，由前片1片、后片1片、袖片2片、领片1片组成。从下往上织起。

2.前片的编织。一片织成。平针起针法，起织56针，编织下针，左右两侧各2-1-4。各加4针形成圆角，编织29行后，编织花样B，编织8行至袖窿，两侧同时袖窿减针，2-1-16，再织成袖窿起编织28行，中间进行领边减针，中间平收16针，两侧领边减针，2-4-2，全部收完针数，收针断线。

3.后片的编织。一片织成。平针起针法，起织56针，编织下针，左右两侧各2-1-4。各加4针形成圆角，编织29行后，编织花样B，编织8行至袖窿，两侧同时袖窿减针，2-1-16，编织32行，全部收完针数，收针断线。

4.袖片的编织。一片织成。平针起针法，起织52针，编织下针，2-1-16，编织32行，全部收完针数，收针断线。相同的方法去编织另一袖片。

5.拼接。将前片的侧缝与后片的侧缝对应缝合。再将两袖片的袖山边线与衣身的袖窿边对应缝合。

6.衣身外边的编织。沿着前后片的底边挑出56针，两侧侧缝各挑出26针，共4个26针，袖窿边各52针，合计320针，编织花样A，编织10行，收针断线。

7.领片的编织。沿着前、后领边各挑52针，共有104针，编织花样C，织8行，收针断线。衣服完成。

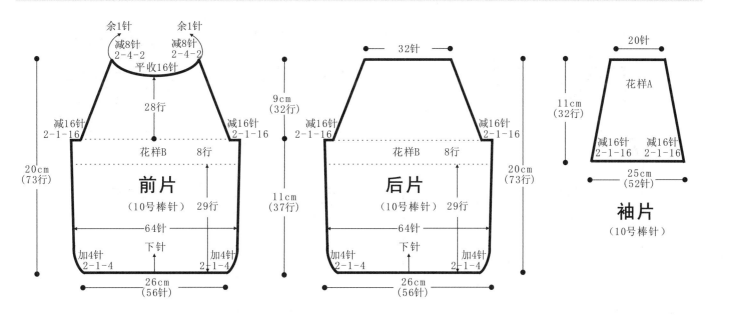

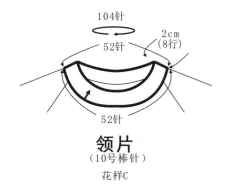

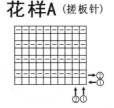

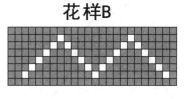

符号说明：

⊟　　上针

□=1　下针

2-1-3　行-针-次

↑　　编织方向

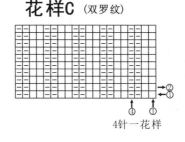

花样A (搓板针)

花样B

花样C (双罗纹)

4针一花样

天蓝色套头毛衣

【成品规格】 衣长39cm，胸宽29cm，肩宽26cm，袖长32cm

【工　　具】 10号棒针

【编织密度】 20针×26.4行=10cm²

【材　　料】 蓝线丝光棉线400g

编织要点：

1. 棒针编织法，由前片1片、后片1片、袖片2片、领片1片组成。从下往上织起。
2. 前片的编织。一片织成。起针，平针起针法，起94针，起织花样A，编织6行后，起织花样B，不加减针，编织72行至袖隆。袖隆起减针，两侧同时平收4针，2-1-8，当织成袖隆算起36行，中间平收12针，两边进行领边减针，2-1-10，织20行后，至肩部，各余下19针，收针断线。
3. 后片的编织。一片织成。起针，平针起针法，起94针，起织花样A，编织6行后，编织花样B，不加减针，织成72行，至袖隆。袖隆起减针，两侧同时平收4针，2-1-8，当织成袖隆算起52行时，中间平收28针，两边进行领边减针，2-1-2，至肩部，各余下19针，收针断线。
4. 袖片的编织。袖片从袖口起织，平针起针法，起36针，编织花样A，编织8行后，分散加16针，开始袖身编织，编织下针花样B，两边侧缝加针，8-1-8，8行平坦，织88行至袖隆，并进行袖山减针，平收4针，2-2-4，织成8行，余下48针，收针断线。相同的方法去编织另一袖片。
5. 拼接，将前片的侧缝与后片的侧缝和肩部对应缝合。再将两袖片的袖山边线与衣身的袖隆边对应缝合。
6. 领片的编织，沿着前领边挑52针，后领边挑36针，编织花样A，织8行，收针断线。衣服完成。

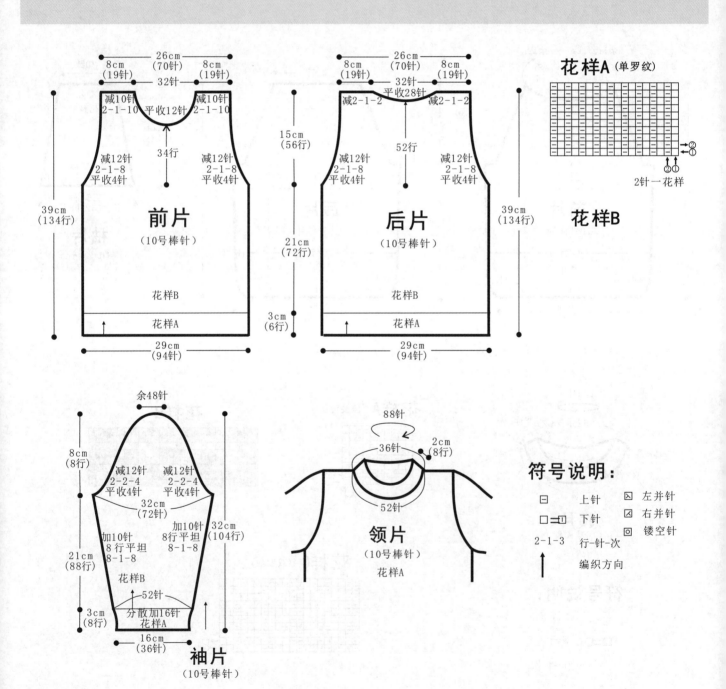

花样A（单罗纹）

2针一花样

花样B

前片（10号棒针）

后片（10号棒针）

袖片（10号棒针）

领片（10号棒针）花样A

符号说明：

记号	说明	记号	说明
□	上针	⊠	左并针
□ⅠⅠ	下针	⊠	右并针
2-1-3	行-针-次	◙	镂空针
↑	编织方向		

鲜艳修身打底装

【成品规格】 衣长34cm，胸宽25cm，肩宽15cm，袖长33cm

【工　　具】 10号、12号棒针

【编织密度】 24.5针×34行=10cm²

【材　　料】 黄色丝光棉线300g，红色50g

编织要点：

1. 棒针编织法，由前片1片、后片1片、袖片2片、领片1片组成。从上往下织起。

2. 前片的编织。一片织成。平针起针法，用黄色线10号棒针分别起1针，起织花样B，向领边左右两侧加针，2-1-7，然后平加16针形成领圈，同时进行袖山加针，2-1-26，构成衣身30针，两侧中间14针编织花样C，领圈平加16针后编织20行，开始换红色线编织3行，再换黄色线编织3行，再换红色线编织3行，再换成黄色线继续编织9行，平加4针为袖窿。此时共有90针，不加减针，开始编织衣身，编织44行，开始换红色线编织3行，再换黄色线编织3行，再换红色线编织3行，再换成黄色线继续编织18行，开始编织衣摆，换12号棒针编织花样A，开始换红色线编织3行，再换黄色线编织4行，再换红色线编织3行，再换成黄色线继续编织10行，收针断线。

3. 后片的编织。一片织成。平针起针法，用黄色线10号棒针起30针，两侧进行袖山加针，2-1-26，同时中间14针编织花样C，两侧余针一直编织花样B，编织34行，开始换红色线编织3行，再换黄色线编织3行，再换红色线编织3行，再换成黄色线继续编织9行，平加4针为袖窿。此时共有90针，不加减针，开始编织衣身，编织44行，开始换红色线编织3行，再换黄色线编织3行，再换红色线编织3行，再换成黄色线继续编织18行，开始编织衣摆，换12号棒针编织花样A，开始换红色线编织3行，再换黄色线编织4行，再换红色线编织3行，再换成黄色线继续编织10行，收针断线。

4. 袖片的编织。一片织成。平针起针法，起14针，两侧进行袖山加针，2-1-26，同时中间7针编织花样D，两侧余针一直编织花样B，编织34行，开始换红色线编织3行，再换黄色线编织3行，再换红色线编织3行，再换成黄色线继续编织9行，平加4针为袖窿。此时共有74针，不加减针，开始编织袖身，进行袖身减针，10行平坦，6-1-10，开始编织衣摆，换12号棒针先分散收10针，余44针编织花样A，编织16行，收针断线。相同的方法去编织另一袖片。

5. 拼接，将前片的侧缝与后片的侧缝和肩部对应缝合。再将两袖片的袖山边线与衣身的袖窿边对应缝合。

6. 领片的编织，沿着左前边、右前边、后领边各挑26针，26针，44针，编织花样A，织8行，预留2个扣眼，相应位置钉上纽扣，收针断线。衣服完成。

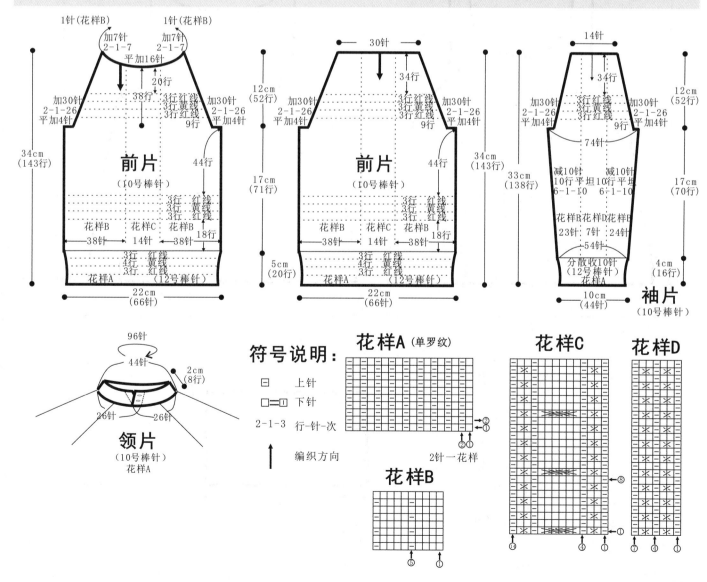

符号说明：

□ 上针

□=① 下针

2-1-3 行-针-次

↑ 编织方向

169

韩式俏皮背心裙

【成品规格】 衣长38cm，胸宽27cm

【工　　具】 13号棒针，钩针，缝衣针

【编织密度】 17.3针×24.6行=10cm²

【材　　料】 灰色线500g，红色线300g，3枚纽扣

编织要点：

1.棒针编织法，由前片、后片和两个袖片组成。

2.前片的编织。下针起针法，用红色线起102针，不加减针织20行的下针，将首尾两行对折缝合，再往上继续编织下针，织至第22行时，一边织一边两侧减针，方法为12-1-6。用红色线织至40行，开始在前片中间留57针织红色口袋，同时从41行起开始用灰色线继续向上织，织87行至袖窿，从88行起，两边同时收针9针，然后每织4行减2针，共减4次，针数余下55针，继续往上织，织至113行时，在下一行进行前衣领减针编织，中间收针收掉22针，两边各自相反方向编织，每织2行减2针，共减7次，然后无加减针再织29行，至肩部，两边各余下3针，收针断线。

3.后片的编织。下针起针法，用红色线起102针，不加减针织20行的下针，将首尾两行对折缝合，再往上继续编织下针，织至第22行时，一边织一边两侧减针，方法为12-1-6，用红色线织至40行，至41行改用灰色线继续向上编织，织87行至袖窿，从88行起，两边同时收针收掉9针，然后每织4行减2针，共减4次，针数余下56针，继续往上织，织至42行时，在下一行进行后衣领减针编织，中间收针收掉42针，两边各自相反方向编织，每织2行减1次，共减4次，至肩部，两边各余下3针，收针断线。

4.拼接。将前片与后片的侧缝对应缝合，将肩部对应缝合。

5.袖片的编织。沿袖口用灰色线挑针编织，编织花样B。

6.领片的编织。同时用灰色线沿前后片的领口挑针编织，编织花样B。

7.缝合。编织长13cm，宽8cm的长方形，织花样A，缝合在领口的中心。再用缝衣针把3枚纽扣依次订在口袋上。衣服完成。

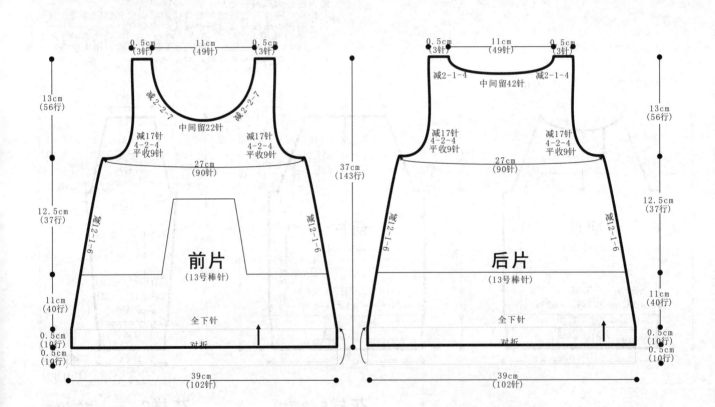

前片
(13号棒针)

后片
(13号棒针)

符号说明：

□　上针

□□ 下针

2-1-3 　行-针-次

↑ 编织方向

□ 元宝针

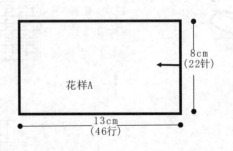

花样A

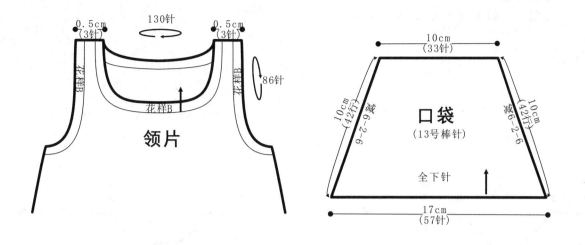

领片

口袋
（13号棒针）

10cm
（33针）

10cm
（42行）

10cm
（42行）

减6-2-6

减6-2-6

全下针

17cm
（57针）

130针

0.5cm
（3针）

0.5cm
（3针）

花样B

花样B

花样B

86针

花样A

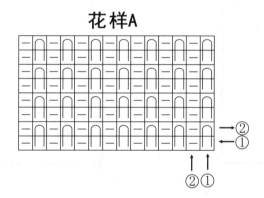

②①

②①

花样B

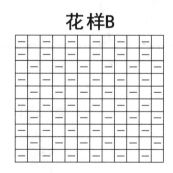

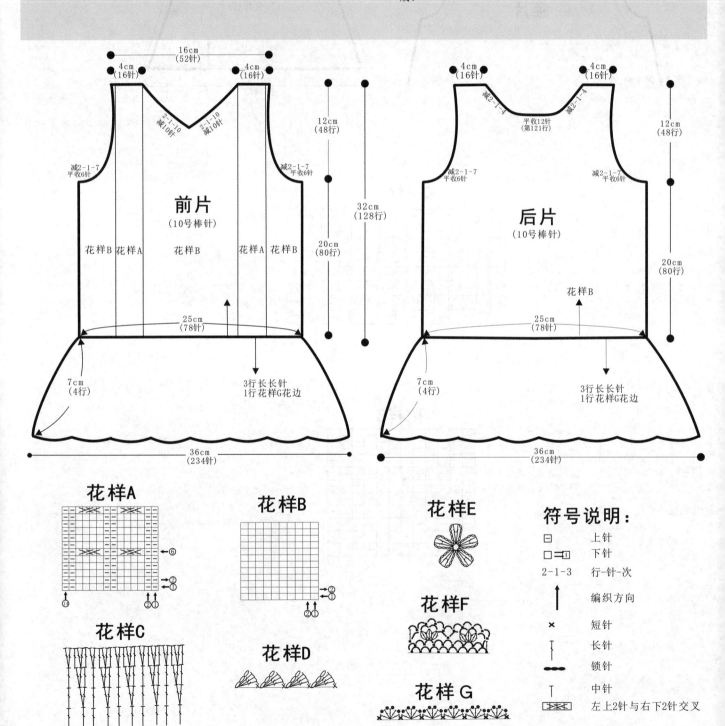

小清新连衣裙

【成品规格】 衣长35cm，胸宽24cm

【工　　具】 10号棒针，缝毛衣针，钩针

【编织密度】 28针×29行=10cm²

【材　　料】 玫红色毛线500g，白色毛线200g

编织要点：

1.棒针编织法，衣身分为前片和后片分别编织而成。

2.起织后片。下针起针法，起78针编织花样B，织至80行时，左右两侧同时减针织成袖隆，方法为2-1-7，织到121行时，织片中间留取12针，两侧减针织成后领，方法为2-1-4，各减4针，织到128行，两肩部各余于14针。再从下摆起针，用白色线钩花样C。再沿着下摆边用白色线色花样G。收针断线。

3.起织前片。下针起针法，起78针编织花样B与花样C组合编织，先织15针花样B，再织14针花样A，再织20针花样B，再织14针花样A，最后织15针花样B，重复往上编织，然后不加减针，织至80行，左右两侧同时减针织成袖隆，两边进行袖隆减针，方法为平收6针，然后每织2行减1针，减7次，织到106行时，织片中间向两侧减针织成前领，方法为2-1-10，各减10针，织至128行，两肩部各余于14针，两从下摆起针，用白色线钩花样C。再沿着下摆边用白色线钩花样G。收针断线。

4.前片与后片的两侧缝对应缝合，两肩部对应缝合。

5.领片的编织。用白色线来钩花样F。

6.袖隆的编织。用白色线来钩花样D。

7.用白色线钩3个花样E缝合在前片的领口的中间处。衣服完成。

灰色无袖连衣裙

【成品规格】 衣长45cm, 胸宽28cm, 肩宽22cm

【工 具】 12号棒针

【编织密度】 花样A:35针×42行=10cm²
花样B:38.7针×42行=10cm²

【材 料】 灰色丝光棉线400g

编织要点:

1.棒针编织法, 由前片1片、后片1片、组成。从下往上织起。
2.前片的编织。一片织成。起针, 平针起针法, 起120针, 起织下针, 不加减针, 编织16行, 编织花样B, 编织10后, 继续编织下针, 织成52行, 编织1行上针, 再分散收46针, 余74针编织衣身。编织22行至袖窿。袖窿起减针, 两侧同时收针8针, 然后4-2-4, 当织成袖窿算起16行时, 中间进行领边减针, 平收10针, 1-2-2, 2-2-5, 26行平坦, 至肩部, 各余下7针, 收针断线。
3.后片的编织。一片织成。起针, 平针起针法, 起120针, 起织下针, 不加减针, 编织16行, 编织花样B, 编织10后, 继续编织下针, 织成52行, 编织1行上针, 再分散收46针, 余74针编织衣身。编织22行至袖窿。袖窿起减针, 两侧同时收针6针, 然后4-2-4, 4-1-2, 当织成袖窿算起32行时, 中间进行领边减针, 平收18针, 2-2-5, 18行平坦, 至肩部, 各余下7针, 收针断线。
4.拼接, 将前片的侧缝与后片的侧缝和肩部对应缝合。
5.沿着前领边挑出68针, 后领边挑出56针, 编织花样A, 编织10行, 领子完成。沿着袖窿边挑出86针, 编织花样A, 编织10行, 袖边完成。沿着裙边, 用钩针钩织2行花样C, 衣服完成。

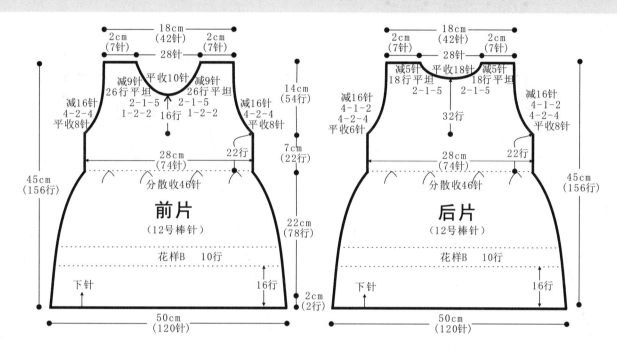

前片 (12号棒针)

后片 (12号棒针)

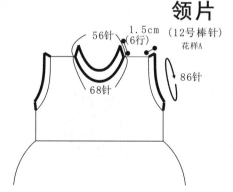

领片

(12号棒针)
花样A
56针 1.5cm(6行)
68针
86针

花样B

24针一花样

花样A (单罗纹)

2针一花样

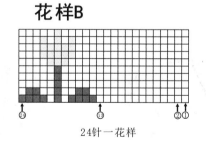

花样C

用线沿边钩2行短针

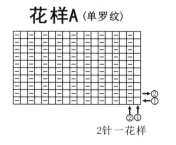

符号说明:

□	上针	⊠	左并针
□=1	下针	⊠	右并针
		⊡	镂空针

2-1-3 行-针-次

↑ 编织方向

绿色V领装

【成品规格】 衣长44cm，衣宽30cm，

【工　　具】 10号棒针

【编织密度】 24针×26行=10cm²

【材　　料】 灰色腈纶毛线400g，蓝色
腈纶线50g，黄色线30g
白色线10g，绿色线20g

编织要点：

1. 棒针编织法。由前片、后片、袖边和领边组成。
2. 前片的编织。平针起针法起100针，织8行花样A再按花样B，同时两边按8-1-4的方法减针。织够62行开始织花样C6行。然后再织全平针8行，开始分左右两片织。先织左片按平收8针，2-1-6的方法收袖隆，同时按2-1-18的方法减针收V字领，织38行后平针收针。再织另一片。
3. 后片的编织。平针起针法起100针，织8行花样A再按花样B，同时两边按8-1-4的方法减针。织够62行开始织花样C6行。然后再织全平针8行，按平针8针，2-1-6的方法收袖隆，织38行后平针收针。在后片中间挑36针花样D，同时两边按2-1-18的方法减针，织够36行收针。
4. 用缝衣针把前后身片和袖片缝合起来。
5. 用钩针按图示钩领边和袖隆的花边。
6. 最后做个绒球系到后面就可以了。

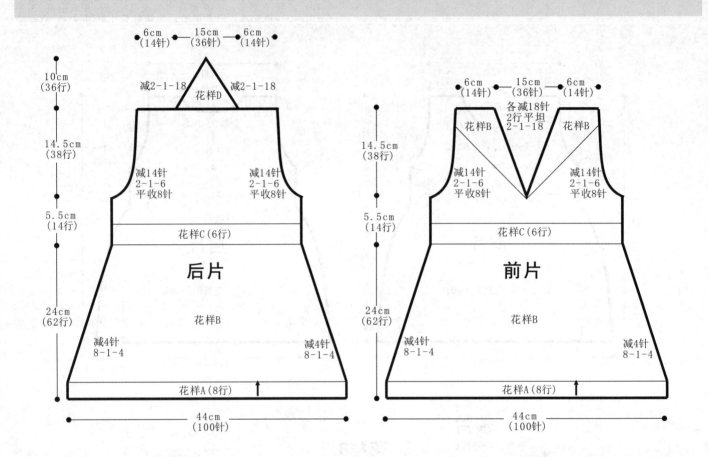

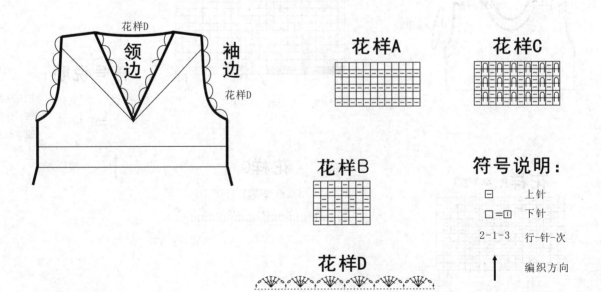

花样A

花样C

花样B

花样D

符号说明：

□　　上针

□=□　下针

2-1-3　行-针-次

↑　　编织方向

玫红色小背心

【成品规格】 衣长41cm，胸宽25cm，肩宽19cm

【工　　具】 10号棒针

【编织密度】 38.7针×41.6行=10cm²

【材　　料】 玫红色丝光棉线400g

编织要点：

1. 棒针编织法，由前片1片、后片1片组成。从下往上织起。
2. 前片的编织。一片织成。单罗纹起针法，起95针，起织花样A，编织18行后，开始编织衣身，编织花样B，不加减针，织成64行，至袖窿。两侧袖窿减针，平收4针，2-1-5，共编织28行至肩部，然后编织下针作为收边，编织8行，余下77针，收针断线。
3. 后片的编织。一片织成。单罗纹起针法，起95针，起织花样A，编织18行后，开始编织衣身，编织花样B，不加减针，织成64行，至袖窿。两侧袖窿减针，平收4针，2-1-5，共编织44行至肩部，中间留49针收针断线。两侧各余14针，编织下针，编织20行，肩带完成。收针断线。
4. 拼接，将前片的侧缝与后片的侧缝对应缝合。
5. 袖边的编织。沿着前片的袖山边挑出36针，后片的袖山边挑出64针，共100针编织花样A，编织8行后，收针断线，同样的方法，相反的方向去编织另一个袖边。相应位置钉上纽扣，衣服完成。

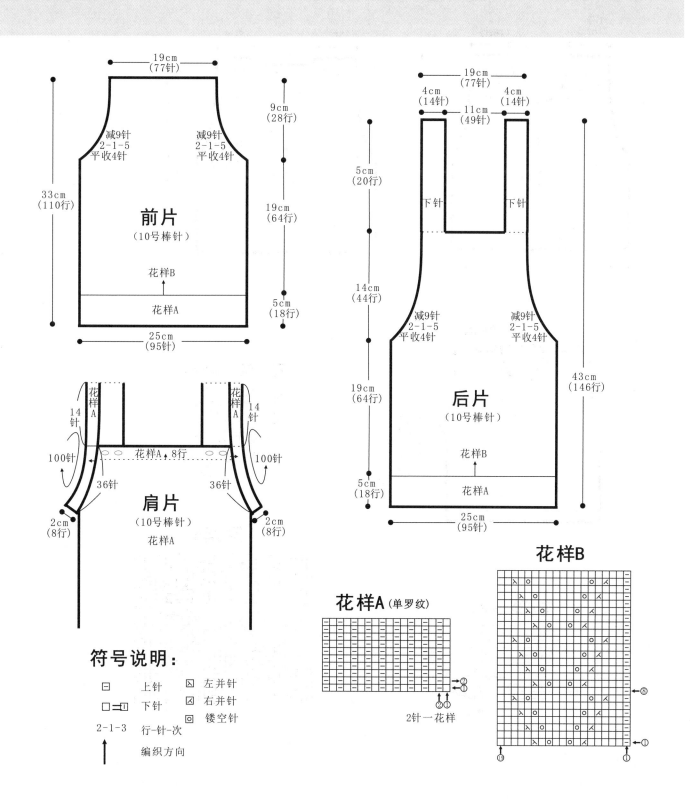

19cm（77针）

9cm（28行）

减9针 2-1-5 平收4针

33cm（110行）

前片（10号棒针）

19cm（64行）

花样B

花样A

5cm（18行）

25cm（95针）

19cm（77针）

4cm（14针）　4cm（14针）

11cm（49针）

5cm（20行）

下针　下针

14cm（44行）

减9针 2-1-5 平收4针

后片（10号棒针）

43cm（146行）

19cm（64行）

花样B

5cm（18行）

花样A

25cm（95针）

花样A 14针 100针 36针

花样A 8行

肩片（10号棒针）

花样A

2cm（8行）　2cm（8行）

符号说明：

□ 上针
□ 下针　左并针
☒ 左并针
☑ 右并针
◻ 镂空针

2-1-3 行-针-次

↑ 编织方向

花样A（单罗纹）

2针一花样

花样B

175

小牛牛背心

【成品规格】 衣长35cm，衣宽32cm，
胸宽30cm，肩宽25cm

【工　　具】 10号棒针

【编织密度】 29针×43行=10cm²

【材　　料】 蓝色棉线200g，白色线
等配线若干

编织要点：
1.棒针编织法，圈织。
2.下针起针法，起186针。织花样A织8行，后改织下针。织
58行;开始织袖窿。先织前片。织袖窿，减12针，方法为1-2-1，
2-1-10。织42行后开领口，方法为中间平收13针，领口两侧各
减10针，2-1-10，平坦10行。织30行后肩部各余18针，收针断
线。后片的编织。袖窿减12针，为1-2-1、2-1-10。织68行后
中间平收25针，领口两侧各减4针。2-2-2。收针断线。
3.拼接，将前后片肩部侧缝拼接。
4.袖口和领口的编织。袖口各挑起88针，圈织双罗纹8行收针
断线。领口前挑76针，后挑40针。织8行双罗纹，收针断线。
缝上可爱的图案，全衣完成。

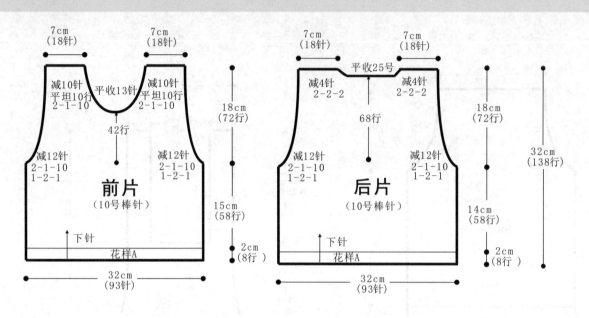

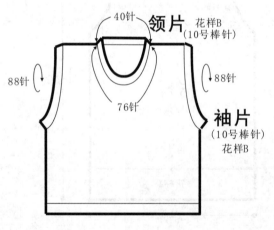

领片 花样B
(10号棒针)

袖片
(10号棒针)
花样B

花样B（单罗纹针）

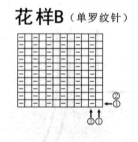

图案A

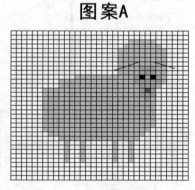

花样A（搓板针）

绿色树叶花背心

【成品规格】 衣长38cm, 胸宽27cm, 肩宽20cm

【工　　具】 10号棒针

【编织密度】 26.7针×39.4行=10cm²

【材　　料】 深绿色丝光棉线200g

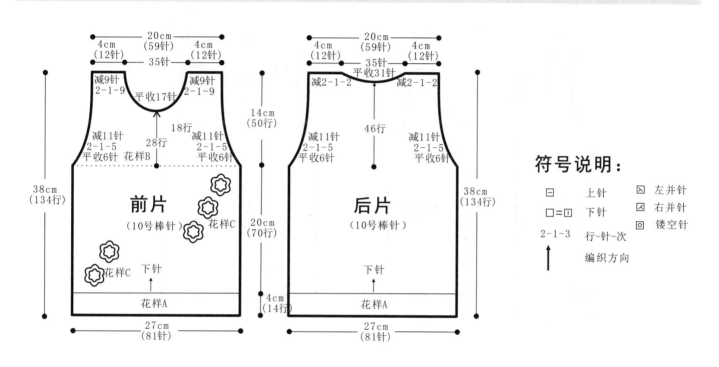

符号说明：

□	上针	⊠	左并针
□=1	下针	☒	右并针
2-1-3	行-针-次	◙	镂空针

↑ 编织方向

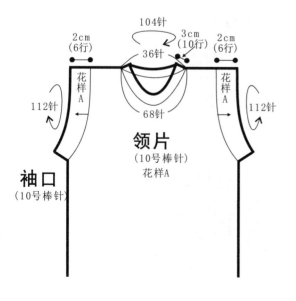

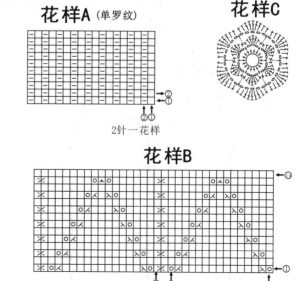

花样A (单罗纹)

2针一花样

花样C

花样B

活力玫红连帽背心

【成品规格】 衣长34cm，衣宽22cm，肩宽18cm

【工　　具】 10号棒针

【编织密度】 34.5针×35行=10cm²

【材　　料】 玫红色棉线300g

编织要点：

1. 棒针编织法，由左前片、右前片、后片和帽片组成。
2. 以右前片为例。单罗纹起针法，起36针。织花样A10行，后改织下针。织4行改织花样B织44行，改织下针12行后开始织袖窿。左侧减10针，方法为1-4-1，2-1-6。织18行后织领口。右侧减18针，1-4-1，2-1-14，不加减针再织4行至肩部各余8针，收针断线。左前片的织法与右前片同，方向相反。
3. 后片的编织。单罗纹起针法，起72针，织花样A10行，后织下针。织8行改织花样B80行，改织下针14行后开始织袖窿。两侧各减8针，方法为1-4-1，2-1-6。织46行后中间平收28针，领口两侧各减4针，2-2-2。织4行后收针断线。
4. 拼接，将前后片肩部、侧缝拼接。
5. 袖口和领口的编织。袖口各挑起96针，圈织单罗纹4行收针断线。领口左右各挑27针，后挑54针。织花样B80行，收针断线，对折缝合。衣襟及帽檐各挑192针，织4行单罗纹，收针断线。缝好帽子及缝上拉链，衣服完工。

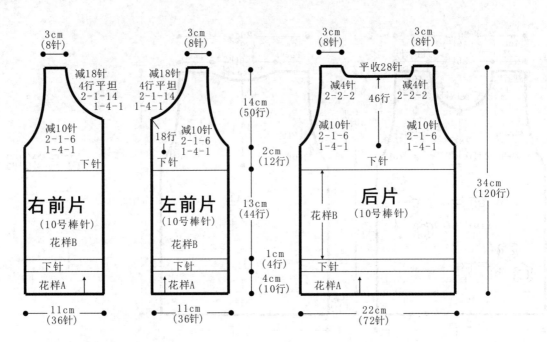

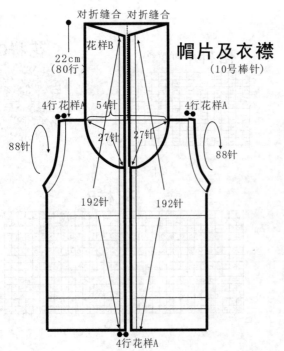

花样A（单罗纹）

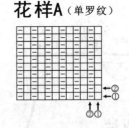

花样B

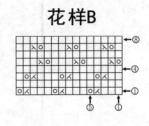

178

俏皮花朵背心裙

【成品规格】 衣长35cm，胸宽26cm

【工　　具】 13号棒针，缝毛衣针，钩针

【编织密度】 28针×29行=10cm²

【材　　料】 粉红色毛线500g，白色毛线200g，绿色毛线50g

编织要点：

1.棒针编织法，衣身分为前片和后片分别编织而成。
2.起织后片。上针起针法，起70针，织51行后，左右两侧同时减针织成袖窿，方法为2-1-4，织至72行，第73起将织片分为左右两片分别编织，先织右片方法为2-1-8，织至83行后，留下18针断线。再织左片，方法跟右片织法相同。再从下摆起针，用白色线钩花样A。再沿着下摆边用白色线钩花样C。
3.起织前片。上针起针法，起70针，织51行后，左右两侧同时减针织成袖窿，方法为2-1-4，织至59行，第60行起将织片分为左右两片分别编织，先织右片方法 为2-1-11，织至83行后，留下18针断线。再织左片，方法跟右片织法相同。再从下摆起针，用白色线钩花样A。再沿着下摆边用白色线钩花样C。
4.前片与后片的两侧缝对应缝合，两肩部对应缝合。
5.领片的编织。织两片长14cm，宽6cm的长方形，织好后缝合在领口，再在领边的沿上用白色线钩花样C。
6.袖窿的编织。沿着袖窿用白色线钩花样C。
7.用粉红色花朵和绿色的叶子，做成花样B缝合在前片的领口的中间处。衣服完成。

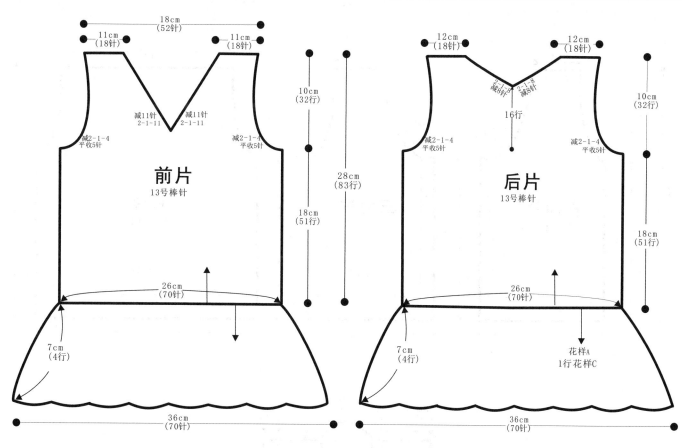

前片
13号棒针

18cm
(52针)
11cm
(18针)
11cm
(18针)
减11针
2-1-11
减11针
2-1-11
减2-1-4
平收5针
减2-1-4
平收5针
10cm
(32行)
28cm
(83行)
18cm
(51行)
26cm
(70针)
7cm
(4行)
36cm
(70针)

后片
13号棒针

12cm
(18针)
12cm
(18针)
减8针
2-1-3
2-1-3
减8针
16行
减2-1-4
平收5针
减2-1-4
平收5针
10cm
(32行)
18cm
(51行)
26cm
(70针)
7cm
(4行)
花样A
1行花样C
36cm
(70针)

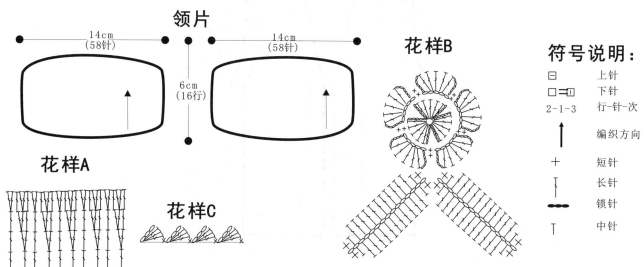

领片

14cm
(58针)
14cm
(58针)
6cm
(16行)

花样A

花样C

花样B

符号说明：

符号	说明
⊟	上针
□⊣⊟	下针
2-1-3	行-针-次
↑	编织方向
+	短针
┬	长针
●●●	锁针
T	中针

文艺范儿开衫背心

【成品规格】 衣长32cm，胸宽22cm，
肩宽20cm

【工　　具】 10号棒针，12号棒针

【编织密度】 26.7针×33.3行=10cm²

【材　　料】 白色丝光棉线400g，黑
色线50g

编织要点：

1. 棒针编织法，由前片2片、后片1片、袖片2片组成。从下往上织起。
2. 前片的编织。由右前片和左前片组成，以右前片为例。
(1)起针，双罗纹起针法，起43针，编织花样A，编织12行后，编织花样B，不加减针，编织70行至袖窿。袖窿左侧起减针，平收4针，2-1-6，同时右侧进行衣领减针，2-1-23，12行平坦，织成58行，刚好至肩部，余下10针，收针断线。
(2)相同的方法，相反的方向去编织左前片。
3. 后片的编织。双罗纹起针法，起96针，编织花样A，不加减针，织12行的高度。下一行起编织花样B，不加减针织70行至袖窿，袖窿两侧起减针，平收4针，2-1-6。编织58行至肩部，余下76针，收针断线。
4. 拼接，将前片的侧缝与后片的侧缝对应缝合，将前后片的肩部对应缝合；
5. 领片的编织。左右前片衣身各挑74针，前领圈各挑52针，后片领圈挑32针，共274针编织花样C。织成8行。右侧衣身门襟均匀留出4个扣眼，收针断线。左前片门襟相应钉上纽扣，门襟完成。
6. 袖片的编织。沿着袖窿挑出112针，编织花样D，编织6行，收针断线。衣服完成

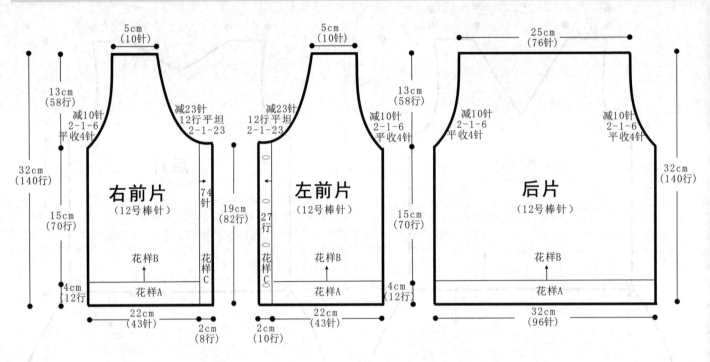

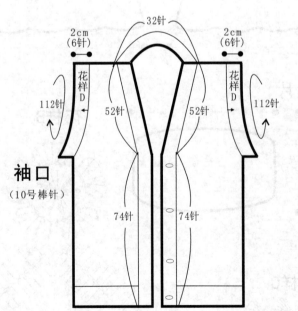

花样A（双罗纹）

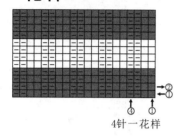

→②
→①

↑④ ↑①

4针一花样

花样C（双罗纹）

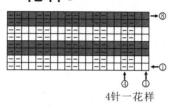

→⑧

←①

↑④ ↑①

4针一花样

花样D（双罗纹）

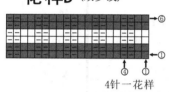

→⑥

←①

↑④ ↑①

4针一花样

符号说明：

⊟	上针
□=□	下针
2-1-3	行-针-次
↑	编织方向
▨▨▨▨	左上3针与右下3针交叉

花样B

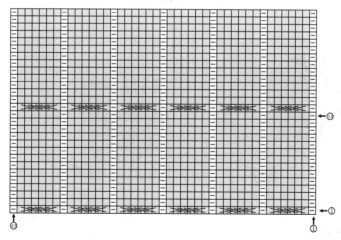

←⑭

←①

↑⑭ ↑①

喜庆熊仔背心

【成品规格】 衣长31cm，衣宽25cm，
胸宽26cm，肩宽22cm

【工　　具】 10号棒针

【编织密度】 23.2针×32行=10cm²

【材　　料】 红色棉线200g

编织要点：

1. 棒针编织法，圈织。
2. 双罗纹起针法，起116针。起织花样A8行，后改织下针44行；开始织袖窿和领口。先织前片。织袖窿，减10针，方法为1-4-1，2-1-6。从袖窿起织算起织12行后开领口，领口两侧各减8针，2-1-8，中间平收18针，织成16行后，不余下2针，不加减针织22行后肩部各余2针，收针断线。后片的编织。袖窿减10针，为1-4-1、2-1-6。36行后中间平收20针，领口两侧各减7针。2-1-7。收针断线。
3. 拼接，将前后片肩部，侧缝拼接。
4. 袖口和领口的编织。袖口各挑起100针，圈织双罗纹6行收针断线。领口前片挑80针，后挑60针。织6行双罗纹，收针断线。缝上可爱的图案，全衣完成。

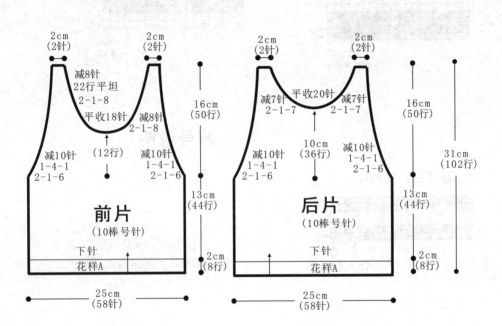

前片
（10棒号针）

后片
（10棒号针）

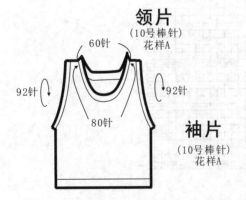

领片
（10号棒针）
花样A

袖片
（10号棒针）
花样A

花样A （单罗纹）

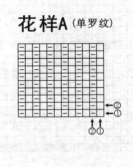

韩版吊带娃娃装

【成品规格】 衣长31cm，胸宽32cm，肩宽22cm

【工　　具】 12号棒针

【编织密度】 花样A：35针×42行＝10cm²

【材　　料】 西瓜红丝光棉线250g

编织要点：

1.棒针编织法，由前片1片、后片1片组成。从下往上织起。
2.前片的编织。一片织成。起针，平针起针法，起104针，起织下针，不加减针，编织20行，对折成10行高度，将底边针数一一对应合并为双层底边，编织上针，编织2行后，继续编织下针，织成66行，分散收8针，余96针编织衣身。下一行起，将织片一分为二。一半各48针，各自编织。起织花样A，不加减针，织24行的高度后，从内侧向外侧收针26针，余下22针，继续编织，再织22行为止，至肩部，收针断线。相同的方法，相反的减针方法去编织另一半。
3.后片的编织。一片织成。起针，平针起针法，起104针，起织下针，不加减针，编织20行，对折成10行高度，将底边针数一一对应合并为双层底边，编织上针，编织2行后，继续编织下针，织成66行，分散收8针，余96针编织衣身。至袖窿。下一行起全织花样A，编织44行至肩部，收针断线。
4.拼接，将前片的侧缝与后片的侧缝和肩部对应缝合。前片中间按图样钉上两个蝴蝶结，衣服完成。

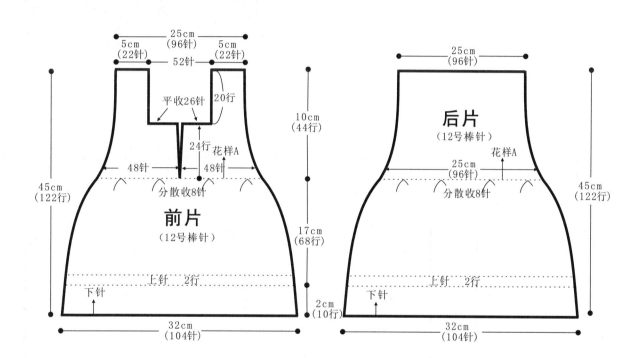

花样A (单罗纹)

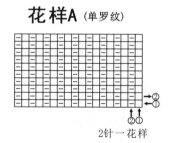

2针一花样

符号说明：

符号	说明
⊟	上针
□=Ⅰ	下针
⊠	左并针
⊠	右并针
⊡	镂空针
2-1-3	行-针-次
↑	编织方向

宽松连帽背心

【成品规格】 衣长30cm, 胸宽32cm
肩宽24cm

【工　　具】 12号棒针

【编织密度】 花样C: 27.7针×47.7行=10cm²
花样B: 27.5针×40行=10cm²

【材　　料】 白色丝光棉线150g, 灰色和蓝色各80g

编织要点：

1. 棒针编织法, 由前片2片、后片1片、袖片2片组成。从下往上织起。
2. 前片的编织。由右前片和左前片组成, 以右前片为例。
(1)起针, 单罗纹起针法, 起44针, 用蓝色线编织花样A, 编织10后, 编织下针, 不加减针, 换成白色线编织20行, 编织花样B, 编织24行, 再换成白色线编织下针, 编织30行至袖窿。袖窿左侧起减针, 先平收6针, 2-1-7, 同时织成袖窿30行后, 换成灰色线编织下针, 此时织成袖窿算起有30行的高度, 右侧进行衣领减针, 平收5针, 2-2-8, 10行平坦, 织成26行, 至肩部, 余下10针, 收针断线。
(2)相同的方法, 相反的方向去编织左前片。
3. 后片的编织。起针, 单罗纹起针法, 起94针, 用蓝色线编织花样A, 编织10后, 编织下针, 不加减针, 换成白色线编织74行, 至袖窿。袖窿左侧起减针, 先平收6针, 2-1-7, 同时编织花样C, 编织30行后, 换成灰色线编织下针, 此时织成袖窿算起有52行的高度, 下一行中间收针44针, 两边相反方向减针, 各减2针, 2-1-2, 两肩部各余下10针, 收针断线。
4. 拼接, 将前片的侧缝与后片的侧缝和肩部对应缝合。袖山和袖窿处对应缝合。
5. 前片门襟的编织。用蓝色线沿着右前片和左前片侧边各挑出92针, 编织花样A, 编织10行, 收针断线。同时在左前片门襟每隔27行留一个扣眼, 共留5个扣眼。右前片门襟相应位置钉上纽扣。
6. 袖口的编织。用蓝色线沿着袖山外边各挑出92针, 编织花样A, 不加减针编织8行。收针断线。
7. 领片的编织。用蓝色线沿着前后衣领边, 挑出110针, 各分53针编织左右帽片, 以右帽片为例。编织下针, 右侧缝减针, 40-1-2, 下一行不加减针编织10行至领顶。余53针, 收针断线。相同的方法, 相反的方向去编织左帽片。然后将左右帽顶边对应缝合。沿着帽子的外沿边挑出90针, 编织花样A, 编织10行, 收针断线, 帽子完成。衣服完成。

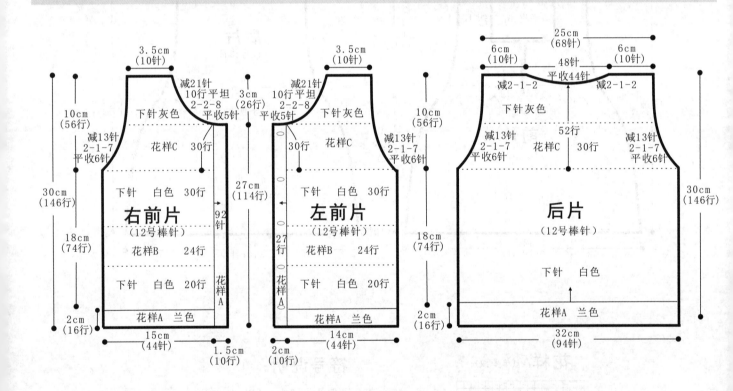

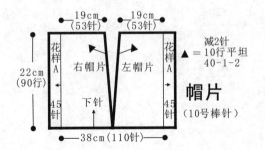

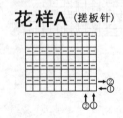

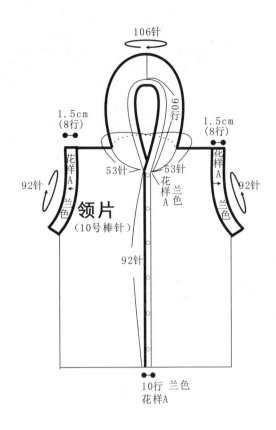

106针

1.5cm
(8行)

06行

1.5cm
(8行)

花
样
A
兰
色

花
样
A
兰
色

92针

92针

领片
（10号棒针）

53针

53针

花
样
兰
色
A

92针

10行 兰色
花样A

花样C

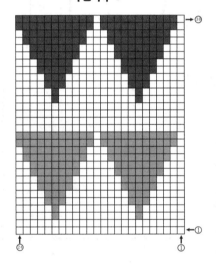

花样B

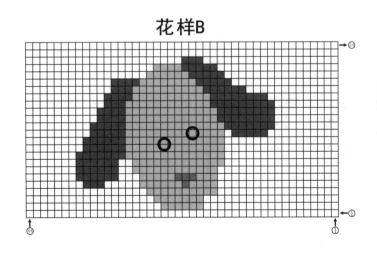

扭花小背心

【成品规格】 衣长34cm, 胸宽25cm, 肩宽23cm

【工　　具】 10号棒针

【编织密度】 26.7针×39.4行=10cm²

【材　　料】 砖红色丝光棉线200g

编织要点:

1.棒针编织法, 由前片1片、后片1片、领片1片组成。从下往上织起。

2.前片的编织。一片织成。起针, 双罗纹起针法, 起72针, 编织花样A, 编织12行后, 中间40针编织花样B, 两边各留16针编织下针, 不加减针, 织成44行, 至袖窿。袖窿起减针, 两侧同时收针3针, 当织成袖窿算起20行时, 进行领边减针, 平收22针, 2-1-8, 10行平坦, 至肩部, 各余下14针, 收针断线。

3.后片的编织一片织成。起针, 双罗纹起针法, 起72针, 编织花样A, 编织12行后, 中间40针编织花样B, 两边各留16针编织下针, 不加减针, 织成44行, 至袖窿。袖窿起减针, 两侧同时收针3针, 当织成袖窿算起42行时, 中间同时进行领边减针, 平收34针, 2-1-2, 至肩部, 各余下14针, 收针断线。

4.拼接, 将前片的侧缝与后片的侧缝和肩部对应缝合。

5.领片的编织, 沿着前领边各挑64针, 后领边挑40针, 编织花样A, 织6行, 收针断线。

6.袖口的编织, 以前后片的肩线为界, 沿着前后片袖窿边各挑出38针, 共76针, 编织花样A, 共编织6行收针断线。衣服完成。

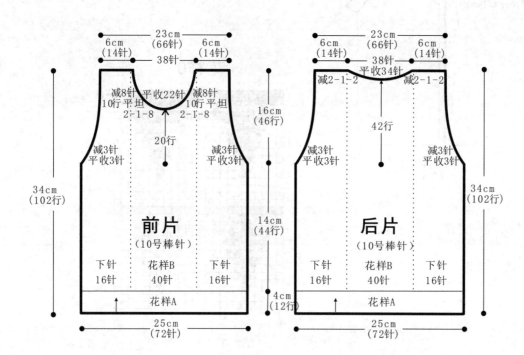

前片 (10号棒针)

后片 (10号棒针)

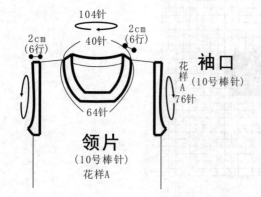

领片 (10号棒针) 花样A

袖口 (10号棒针)

符号说明:

□	上针
□=□	下针
2-1-3	行-针-次
↑	编织方向
⊠	2针交叉
(图)	左上3针与右下3针交叉

花样A（双罗纹）

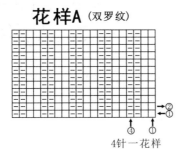

4针一花样

花样B

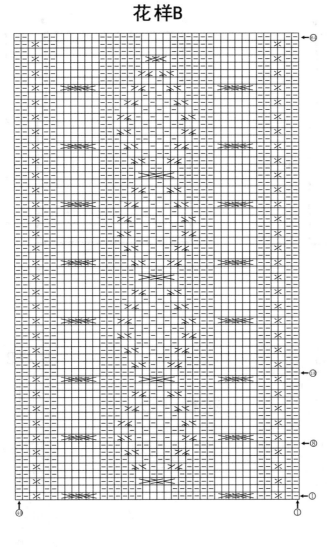

百搭小背心

【成品规格】 衣长35cm，衣宽26cm，
胸宽27cm，肩宽22cm

【工　　具】 10号棒针

【编织密度】 29针×36行=10cm²

【材　　料】 花色棉线200g

编织要点：

1. 棒针编织法，圈织。
2. 双罗纹起针法，起152针。织花样A8行，后改织12针下针+4针花样B。织50行;开始织袖窿和领口。先织前片。织袖窿，减4针，方法为1-4-1。领口为各减22针，2-1-22，不加减针再织10行至肩部。肩部各余12针，收针断线。后片的编织。袖窿减4针。织40行后中间平收36针，领口两侧各减4针。2-2-2。收针断线。
3. 拼接，将前后片肩部、侧缝拼接。
4. 袖口和领口的编织。袖口各挑起80针，圈织双罗纹6行收针断线。领口左右各挑42针，后挑30针。织6行双罗纹，收针断线。缝上可爱的图案，全衣完成。

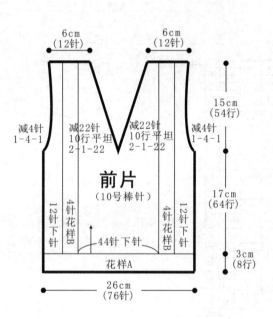

前片
(10号棒针)

6cm (12针)　6cm (12针)

减4针 1-4-1
减22针 10行平坦 2-1-22
减22针 10行平坦 2-1-22
减4针 1-4-1

15cm (54行)
17cm (64行)
3cm (8行)

12针下针　4针花样B　44针下针　4针花样B　12针下针

花样A

26cm (76针)

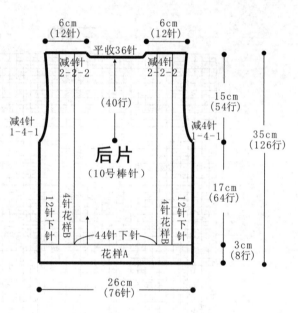

后片
(10号棒针)

6cm (12针)　6cm (12针)

平收36针

减4针 2-2-2
减4针 2-2-2

减4针 1-4-1
减4针 1-4-1

(40行)

15cm (54行)
35cm (126行)
17cm (64行)
3cm (8行)

12针下针　4针花样B　44针下针　4针花样B　12针下针

花样A

26cm (76针)

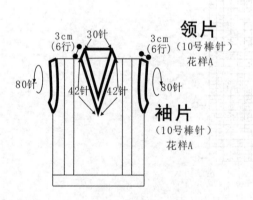

领片
(10号棒针)
花样A

3cm (6行)　30针　3cm (6行)

80针　42针　42针　80针

袖片
(10号棒针)
花样A

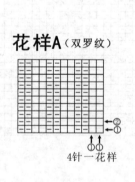

花样A（双罗纹）

4针一花样

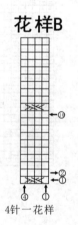

花样B

4针一花样

绿色条纹背带裤

【成品规格】 衣长71cm，胸宽17cm，
肩宽17cm

【工　　具】 11号棒针，12号棒针

【编织密度】 37针×53行=10cm²

【材　　料】 绿色、白色丝光棉线各150g

编织要点：

1.棒针编织法，由裤子和衣服的前片2片、后片2片组成。从下往上织起。

2.裤子前片的编织。先编织右前片。一片织成。单罗纹起针法，用绿色线起30针编织裤腿，编织花样A，织成10行后，分散加6针，编织4行下针，换成白色线编织2行下针，编织花样C，编织78行，右侧进行裤边加针，2-1-6。编织花样B，织成50行，留针留线，同样的方法为裤裆边编织花样B，余36针继续编织下针，编织56行后，结束裤裆边编织，其6针恢复编织下针，开始编织下针，留针留线；相同的方法去编织左前片，不同之处是左侧裤边加针。将两处的裤裆处合并在一起，和左右前片的42针连在一起编织，共78针，继续编织花样C，编织40行，然后编织裤腰，编织花样D，编织24行，收针断线。

3.相同的方法，相反的方向去编织裤子后片。

4.衣服前片的编织。一片织成。单罗纹起针法，起40针，左右两侧各余6针编织花样B，中间编织花样E，起织14行后，开始编织下针，编织26行后，编织花样B，编织8行，中间的20针平收，两侧各余10针，编织花样B，作为肩带（各留一个扣眼），编织44行，收针断线。相同的方法去编织另一衣服后片。不同之处就是将花样E改为下针即可。

5.拼接，将裤子前片的侧缝与后片的侧缝对应缝合。裤裆处不缝合。将衣服的前片和后片的侧缝对应缝合。将衣服底边和裤子的裤腰对应缝合，肩带的相应位置钉上纽扣，衣服完成。

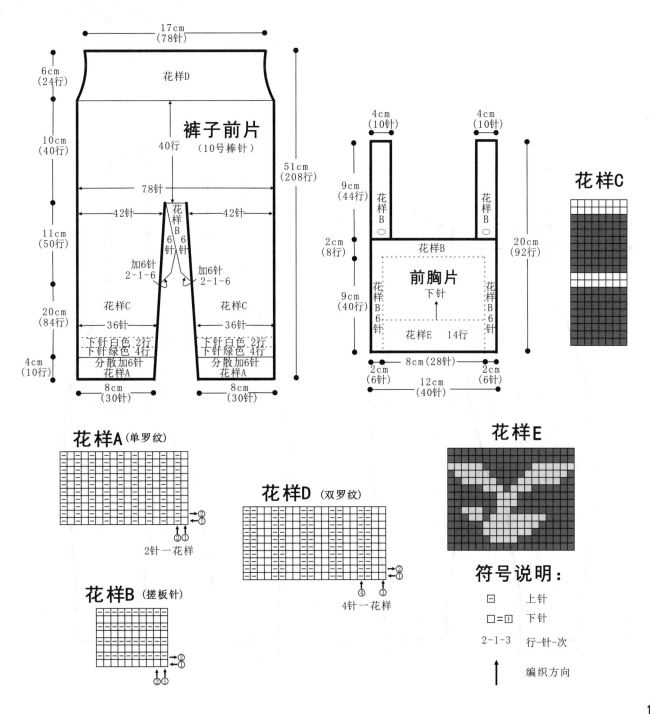

花样C

花样E

花样A（单罗纹）
2针一花样

花样D（双罗纹）
4针一花样

花样B（搓板针）

符号说明：

☐　上针

☐=☐　下针

2-1-3　行-针-次

↑　编织方向

可爱背带裤

【成品规格】 裤长58cm

【工　　具】 8号棒针，钩针

【编织密度】 17.3针×24.6行=10cm²

【材　　料】 黄色线300g，咖啡色400g，
纽扣4枚

编织要点：

1.棒针编织裤，分为前片和后片编织，裤裆以下分左右2个裤片编织，上衣在裤腰挑针编织。

2.织前片。

(1)织裤，下针起针法，用咖啡色线起88针织下针，织14行，下一行织裤裆分左右裤片编织，织左裤片，织47针，再后6针是重叠织花样A，织22行后，下一行，织片两侧同时减针，方法为4-1-1、6-1-1、8-1-6。织58行后，下一行改织花样B，织20行，收针断线。织右裤片，编织方法与左裤片相同，方向相反。

(2)织上衣，在起针处用黄色线挑起88针，织片两侧各织20针花样C，中间48针织下针，在花样与下针之间减针，方法为4-1-7，织28行，下一行，改织花样C，织12行后，下一行中间平收34针，两边各留20针，织花样C，同时每边留2扣孔，织6行，收针断线。

3.织后片。

(1)织裤，下针起针法，用咖啡色线起88针织下针，织14行，下一行，织裤裆分左右裤片编织，织左裤片，织47针，最后6针是重叠织花样A，织22行后，下一行，织片两侧同时减针，方法为4-1-1、6-1-1、8-1-6。织58行后，下一行，改织花样B，织20行，收针断线。织右裤片，编织方法与左裤片相同，方向相反。

(2)织上衣，在起针处用黄色线挑起88针，织片两侧各织20针花样C，中间48针织下针，在花样与下针之间减针，方法为4-1-7，织28行，下一行，改织花样C，织12行后，下一行中间平收34针，两边各留20针，织花样C，织42行，收针断线。

4.口袋编织，用咖啡色线起18针单罗纹针法，织花样E，织4行，下一行织下针，织10行，减针，方法为4-1-2、2-1-2，织12行，收针断线，织2片。在口袋边钩花样D，把口袋缝在前片上。

5.拼接，前片与后片外侧从裤子开始用黄色线各钩一行短针，再用短针连结。前片与后片的内侧对应缝合。钉4枚纽扣。衣服完成。

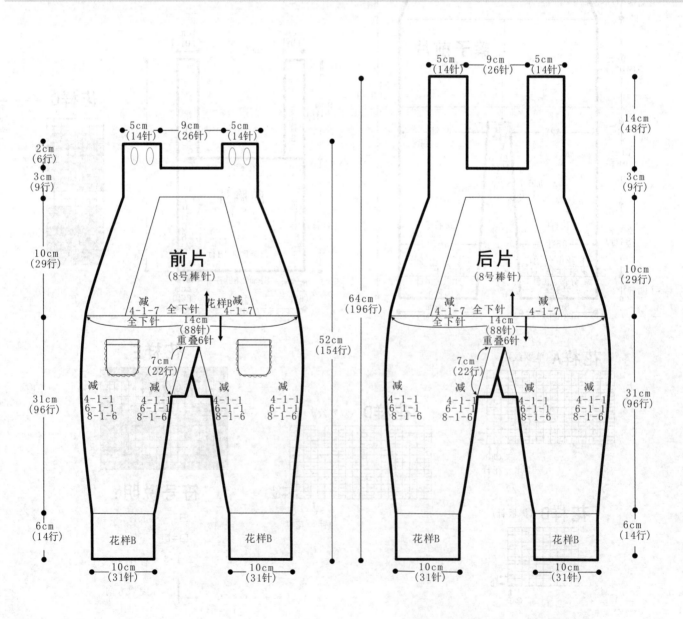

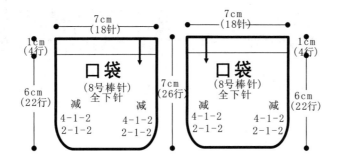

符号说明：

⊟	上针	┃	长针
□=⊡	下针	∞	锁针
2-1-38	行-针-次	×	短针
↑	编织方向	◯	扣孔
⊠⊠	左上2针与右下2针交叉		

花样A (搓板针)

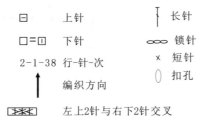

花样E (单罗纹)

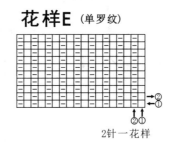

2针一花样

花样B

花样C

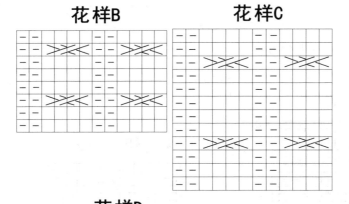

花样D

实用宝宝睡袋

【成品规格】 衣长74cm，胸宽36cm，
肩宽36cm

【工 具】 10号棒针

【编织密度】 20针×26.4行=10cm²

【材 料】 米黄线丝光棉线200g

编织要点：

1.棒针编织法，由前片1片、后片1片组成。从下往上织起。
2.前片的编织。一片织成。起针，平针起针法，起62针，起织花样A，同时2-1-8。进行底边加针，此时共有78针，编织100行高度。然后再编织花样B，编织8行作为睡袋边。收针断线。
3.后片的编织。一片织成。起针，平针起针法，起62针，起织花样A，同时2-1-8，进行底边加针，此时共有78针，编织100行高度。然后将78针中间留66针继续编织花样A，两侧各余6针编织下针，作为睡袋后片的外边，编织100行后。将左右两边对折对应缝合，收针断线，形成帽顶。
4.拼接,将前片的侧缝与后片的侧缝对应缝合。睡袋完成。

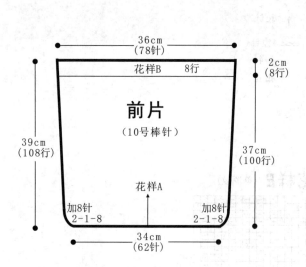

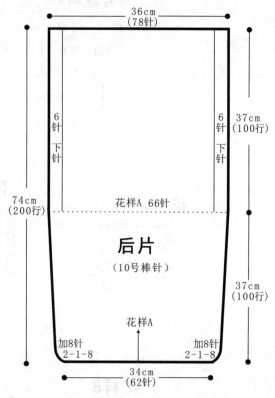

符号说明：

□ 上针

□=① 下针

2-1-3 行-针-次

↑ 编织方向

 左上3针与右下3针交叉

花样A

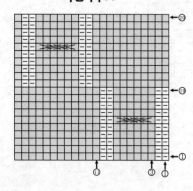

花样B （单罗纹）

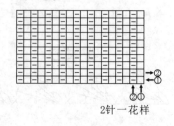

2针一花样

192